国家地理
动物百科全书

ANIMAL
ENCYCLOPEDIA

哺乳动物

鲸类·草食动物

西班牙 Sol90 出版公司◎著

董舒琪◎译

山西出版传媒集团 山西人民出版社

目录
CATALOGUE
ANIMAL ENCYCLOPEDIA

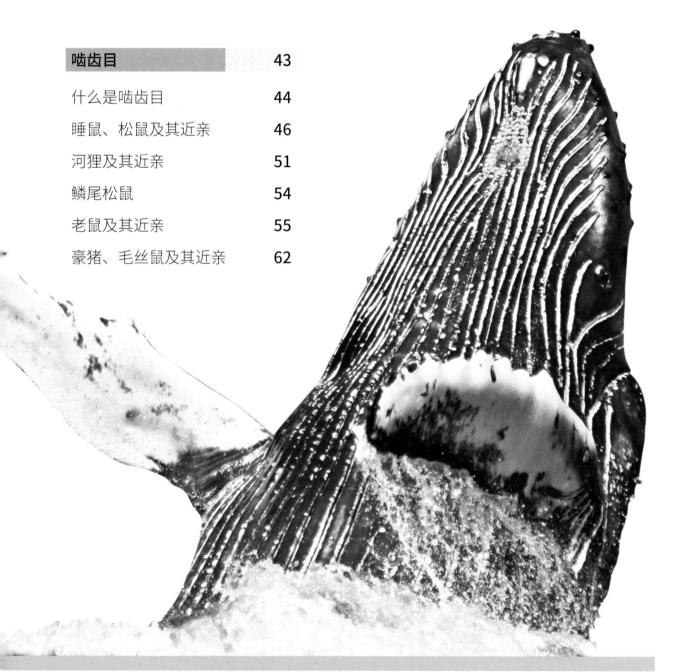

水中生活

游泳传递信息

在水中的不同活动和惊险动作可在配偶之间传递信息 雄性宽吻海豚会通过游泳技术的展示来吸引异性 这也可能是它们的攻击策略，跃起后用尾巴击打对手

海中漫步者

亚洲象与大海联系紧密。它们下海不仅为了洗澡，还为了长距离游泳，通常由雌性族长或最年长的雌性带队。这里有一个特例：有一只叫拉詹的大象，60年来常在安达曼海游泳，然而，安达曼海并不是它的栖息地。

与大海和谐相处

　　大海中没有佛罗里达海牛的天敌，而水生植物是它们的主要食物。它们能完美地适应海中生活且是游泳"高手"。它们同一大群棘鳍鱼共同生活在水草丛中，当然也可以生活在河流和运河中。

鲸 目

鲸目动物是适应了海洋生活的哺乳动物，其中也有一些物种生活在河口、河流和湖泊中。它们的各种特征均适于水生生活——从修长的身形到可帮助它们调节体温的脂肪层，再到演化成鳍的前肢。

什么是鲸目

　　虽然 5000 万年前是陆地动物，但鲸目动物在进化过程中已完全适应了水生生活。鲸和海豚都是恒温动物，用肺呼吸，分娩后用奶水喂养幼崽。它们生活在各个大洋，喜群居，行动机敏。一些物种的保育工作十分困难，因为用于商业用途的非法捕猎猖獗。同时，因为环境污染和声污染的出现，海洋也遭到污染。

门：	脊索动物门
纲：	哺乳纲
目：	鲸目
科：	10
种：	84

天生的游泳健将

　　鲸目动物已经完全适应了水生生活。它们用胸鳍改变行进方向，并通过尾巴上下摆动推动自己前进。

　　鲸目主要分为两个亚目：须鲸亚目，如鲸鱼；齿鲸亚目，如海豚。同人类一样，它们都用肺呼吸，在潜入水底前先吸足空气。它们在水中停留的时间从几秒钟至 1 小时不等，这样的适应性得益于它们的特殊结构。

　　同其他哺乳动物不同的是，它们的呼吸方式并非自动呼吸或被动呼吸，而是必须有意识地进行呼吸。所以它们永远不会完全入睡：大脑的一个半球休息，而另一个半球必须保持警觉，才能定期浮到水面上换气。

　　大约 5000 万年前（始新世第三纪），鲸目的祖先就开始出现水生和陆生并存的现象。它们的体形越来越符合流体动力学：后足消失，前足变成鳍，尾巴分为两部分。它们不断演化，直至变成水生哺乳动物。

　　从进化的角度来看，一些流派认为，鲸目的祖先是最早的偶蹄目，因此将它们与有蹄动物一并归入偶蹄目。

栖息地与分布

　　鲸目动物生活在各种气候条件下，比如白海豚生活在冰山下，而北极鲸则生活在几乎冻结的水域中。有些鲸目动物则会在温带和热带水域间进行迁徙。大多数鲸目动物生活在海洋中，但也有一小群海豚生活在河流中，如亚河豚、恒河江豚和拉普拉塔河豚。

　　大多数鲸目动物会进行迁徙。比如众所周知的座头鲸会在温带（觅食）和热带（繁衍）之间进行季节性的长距离迁徙，从大西洋一直游到哥斯达黎加和

座头鲸
是鲸目动物中行动最敏捷的物种，用鲸须过滤海水中的物体。

鲸须和牙齿

对鲸目动物的主要区分取决于是否具有鲸须（须鲸亚目）和牙齿（齿鲸亚目）。须鲸具有鲸须；具有牙齿的鲸目动物包括海豚、抹香鲸和大西洋鼠海豚，它们的体形更小、更"短粗"。

须鲸亚目
具有鲸须。鲸须为流苏形的鬃毛板，可以让水通过而留下食物。

齿鲸亚目
具有2~250颗牙齿。它们以各种鱼类、甲壳类动物和头足纲动物为食，如鱿鱼和章鱼。

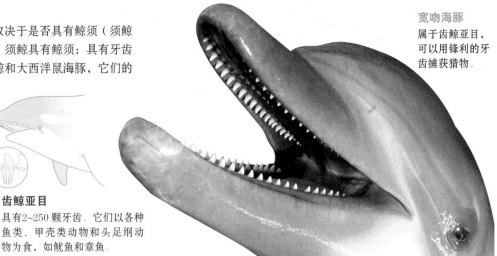

宽吻海豚
属于齿鲸亚目，可以用锋利的牙齿捕获猎物。

哥伦比亚。灰鲸则会从美国的阿拉斯加迁徙至墨西哥：在它们长达40年的生命中，迁徙的总距离相当于从地球往返月球一趟。在迁徙中它们很少停留，几乎不进食。所以在开始长途旅行前，有一些物种会刻意增加体重，这样才能应对没有食物摄入的几个月用脂肪中储存的能量存活下来。

大小和饮食

须鲸亚目和齿鲸亚目都是肉食动物，只是具体的食物和饮食方式各不相同。须鲸亚目主要以磷虾和甲壳类动物为食，而齿鲸亚目主要以鱼类和甲壳类动物为食。鲸须可作为大型"过滤器"，每个个体的鲸须的大小和数量各不相同。在所有鲸鱼中，灰鲸的鲸须最粗：颌两侧有130~180个鲸须板。它们每天摄入6吨磷虾和各种甲壳类动物。齿鲸亚目牙齿的形态、分布和数量也各不相同。一些物种只有2颗牙，而另一些则多达250颗。牙齿的形状可以是锥形、尖形、扁平形或犬齿形。它们用牙齿来抓捕猎物。有的齿鲸动物用牙齿切断食物，有的则直接将猎物吞下，之后再狼吞虎咽，因为它们的牙齿不适合咀嚼。

它们体表有一层厚约20厘米的类脂化合物，用于隔离低温；生活在极地附近的鲸目动物，如白海豚或北极鲸的鲸脂更厚（可厚达50厘米）。

鲸目动物的体形差异巨大：蓝鲸可长达30米（世界上最大的动物），而加湾鼠海豚，一种生活在加州湾的濒临灭绝的齿鲸亚目动物，只能勉强达到1.5米。一般而言，须鲸亚目的体形比齿鲸亚目大，只有少数例外，如抹香鲸（一种齿鲸）可长达20米。

行为

鲸目中一些物种喜独居（小部分），另一些则会上百尾甚至上千尾聚成一群。一些物种有稳定的"夫妻"关系，另一些物种的交配只为了繁殖，但它们通常会形成等级森严的群体，并有固定的"领导者"。

它们一般群居，且团结互助：如果一头鲸鱼遇到困难或受伤，伙伴们都会前来相助，这也能解释鲸鱼的大规模搁浅现象。即一大群鲸鱼因为来海滩救助一头受伤、迷失方向的鲸鱼，无法回到海中。

鲸目动物有一套复杂的通信系统，即使相距甚远也能发送并接收信号。它们通常对人类很友好，所以人们也很容易捕捞鲸目动物作为商用。

各个物种的潜水深度各不相同：比如拉普拉塔河豚可潜至30米处；一般的海豚可下潜至100米处；抹香鲸可下潜至3000米的海底，并在海底寻觅它们最喜爱的食物——大鱿鱼。多尔鼠海豚的移动速度可达55千米／时，北部大须鲸可达38千米／时。

母性本能

鲸目中的雌性妊娠期为9.5~17个月，具体取决于各物种。它们在水中分娩，用乳汁喂养并照顾幼崽，有时哺乳期可长达2年。它们一次只孕育一头小鲸（很少出现2头的情况），等前一头小鲸能独立生活后方可再次受孕，即需等待2年左右。雄性和雌性的生殖器官均与人类类似，只是雄性的生殖器官位于体内。这样的体形更符合流体工程学，从而更适应水生生活。

腹中孕育
小宽吻海豚在母亲腹中孕育，11~14个月后出生时长约1米、重10~20千克。

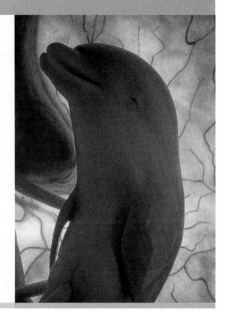

构造

鲸目动物的构造便于它们游泳，而它们的心肺系统则可让它们长时间待在水中。它们下水前会先吸入充足的氧气，潜水时心跳数会减少4倍，氧气利用率比人类高80%。它们在水中分娩并在水中喂养后代。它们利用皮下脂肪层以及鳍和尾部之间的血液交换作用来保持身体恒温。

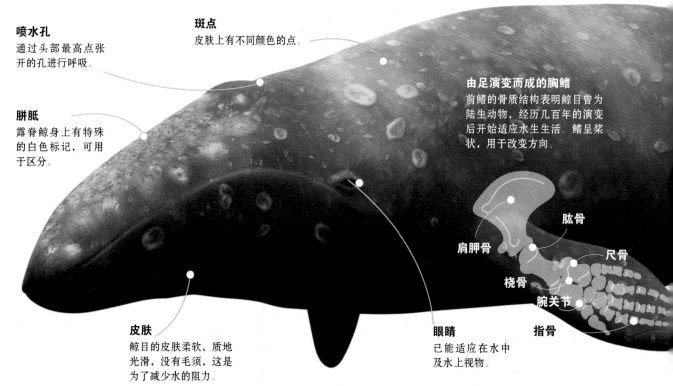

喷水孔
通过头部最高点张开的孔进行呼吸。

斑点
皮肤上有不同颜色的点。

由足演变而成的胸鳍
前鳍的骨质结构表明鲸目曾为陆生动物，经历几百年的演变后开始适应水生生活。鳍呈桨状，用于改变方向。

胼胝
露脊鲸身上有特殊的白色标记，可用于区分。

肩胛骨

肱骨

尺骨

桡骨

腕关节

指骨

皮肤
鲸目的皮肤柔软，质地光滑，没有毛须，这是为了减少水的阻力。

眼睛
已能适应在水中及水上视物。

适应

与鱼类在水下呼吸、通过鳃获取氧气不同，鲸目动物的呼吸方式与陆生动物一样。同时它们的心肺器官功能和流线型身体（类似鱼雷）让鲸目动物可以完全适应水生环境。

鲸目动物皮肤柔软、质地光滑而无毛，可将湍急的水流转变为板状水流或"碑状"水流，从而减少阻力，便于行进。它们没有皮脂腺，但含有含油物质来保证皮肤的湿度并保护皮肤。它们也没有汗腺，可以用不同的方式来保持体温：一方面，皮下脂肪层可以存储能量和热量；另一方面，鳍和尾部之间的血液交换系统也能保持恒温。其尾部就像一个马达，可让鲸目动物速度飞快地上下游动。与鱼类竖直的尾巴不同，鲸目动物的尾巴与水面平行。

成长

出生伊始，鲸目动物便开始了适应环境的复杂过程：鲸目动物的幼崽出生时臀部先出来，最后才是头部，在分娩期间，幼崽通过脐带呼吸。出生后，母亲会带着幼崽到水面上呼吸。雌性在哺乳期间会侧身漂浮在水中。由于母乳中含有丰富的钙、磷、油脂和蛋白质，幼崽的成长速度很快。

游泳和呼吸

鲸目动物通过位于头部最高点的喷水孔呼吸，其中齿鲸亚目有一个喷水孔，而须鲸亚目有2个。喷水孔与肺部直接相连，当鲸目动物潜入水中时，肺部瓣膜会自动闭合。鲸目动物肺部空气凝结成水气就成了喷出的水柱。由于血液中血红蛋白和肌肉中肌红蛋白浓度高，它们在潜水时可吸入80%的氧气。虽然鲸目动物的听觉很灵敏，但它们却没有可见的耳朵。

大小问题

鲸目是哺乳动物中的一个水生目，但彼此之间差距很大。从加湾鼠海豚（1.5 米）至蓝鲸（30 米），它们的大小各不相同。须鲸的个头比海豚及其他齿鲸大，不过长达 15 米的抹香鲸属于齿鲸亚目。

1. 亚河豚 *Inia geoffrensis*	**8. 蓝鲸** *Balaenoptera musculus*	**15. 抹香鲸** *Physeter macrocephalus*
2. 恒河豚 *Platanista gangetica*	**9. 长肢领航鲸** *Globicephala melas*	**16. 一角鲸** *Monodon monoceros*
3. 拉河豚 *Pontoporia blainvillei*	**10. 北露脊海豚** *Lissodelphis borealis*	**17. 白鲸** *Delphinapterus leucas*
4. 灰鲸 *Eschrichtius robustus*	**11. 加湾鼠海豚** *Phocoena sinus*	**18. 虎鲸** *Orcinus orca*
5. 北极露脊鲸 *Balaena mysticetus*	**12. 鼠海豚** *Phocoena phocoena*	**19. 太平洋短吻海豚** *Lagenorhynchus obliquidens*
6. 南露脊鲸 *Eubalaena australis*	**13. 座头鲸** *Megaptera novaeangliae*	**20. 状鼻海豚** *Tursiops truncates*
7. 长须鲸 *Balaenoptera physalus*	**14. 小鳁鲸** *Balaenoptera acutorostrata*	**21. 条纹原海豚** *Stenella coeruleoalba*

背鳍
背鳍位于身体的后1/3处，与全身相比体积很小。有些物种此处呈峰状或隆起状，用于保持平衡。

脂肪层
在表皮层和肌肉之间有很厚的脂肪层，可以保持热量并储存能量。

尾巴
鱼类的尾巴一般与水面垂直，而鲸目动物的尾巴则与水面平行，可以调节游行速度。

海底游泳者
虽然体积庞大，但蓝鲸的速度却可高达40千米/时，当然它们正常的速度只有10千米/时，所以它们可以长距离游动。

温度调节

相比于它们的体积，大型鲸目动物的体表面积很小，所以它们与周围环境的热量交换也较少。由于小型鲸目动物新陈代谢率极高，可产生内生热量，因此可生活在低温环境中。此外，鲸目动物的鳍和尾巴也有逆流热系统。它们头尾的动脉和静脉相距很近。动脉将血液运输至鳍和尾巴，并将热量传递给静脉。

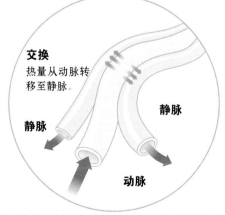

交换
热量从动脉转移至静脉。

静脉

静脉

动脉

在极地环境中
白鲸（*Delphinapterus leucas*）、北极露脊鲸（*Balaena mysticetus*）或小鳁鲸（*Balaenoptera acutorostrata*）等物种大多数或全部时间生活在南极或北极水域中。

交流

水中最灵敏的感官是触觉和听觉，但除此之外，鲸目动物还有别的感官，如对地球磁场的感应及回声定位。海豚会发出不同的声音进行交流。每只海豚都有独特的口哨声，一生维持不变，可用于寻觅伴侣。

大声叫喊与窃窃私语

鲸目动物不仅拥有惊人的听力，也可发出声音进行进攻和防御。蓝鲸可发出 188 分贝的声音并传播数千千米，喷气式飞机的涡轮声也不过才 140 分贝，真可谓自然界最强大的声音。须鲸亚目发出的声音频率较低，听上去像唱歌，座头鲸以其"音乐"天赋闻名。

1.5 千米/秒
声波在水中的传播速度是空气中的4.5 倍。

② 信息
海豚之间使用低频信号进行沟通，高频信号则类似声呐。

① 发送
空气通过呼吸腔产生声音，并在头颅中产生并扩大回声。这样就能发送更高频率、更密集的声音。

头部
充满低密度类脂化合物的器官，汇集并疏导发出的脉搏，并生成向前的波。

喷水孔

鼻部空气腔

嘴唇

背鳍
助其保持平衡。

尾鳍
与鱼类不同，鳍轴呈水平向，且有推动作用

喉

胸鳍
有骨质结构，可助其游动

声音如何产生

有两种传播声音的方式：一种用于交流，即空气以声音的形式从喷水孔发出；另一种为回声定位。

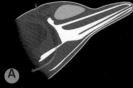

Ⓐ 吸入
喷水孔打开时空气可进入肺部。

Ⓑ 屏气
鼻部空气腔随着从肺部回流的空气的聚集而膨胀。

有害的声音
海洋交通、地震和声呐等可以破坏鲸目动物的听力系统，甚至可能导致其死亡。

惊险动作
它们的跳跃和惊险动作有不同的功能，比如表达情绪和进行交配。

③ 接收和解读
中耳将信号传送给大脑。低频信号（呼啸声、呼噜声、嘟囔声和丁零声）对于鲸目动物的社交生活至关重要，它们无法独居。

1.4 千克
人类的大脑

1.7 千克
海豚的大脑

更多的神经元
海豚大脑的脑回是人类大脑的2倍，神经元也比人类大脑多出50%。

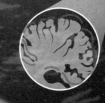

颚和听觉
颚被油脂状的组织覆盖，可将接收到的波传递给耳朵。

鼻部空气腔

100-150 千赫兹
海豚的听力范围。人类无法听到超过15千赫兹的声音。

宽吻海豚
Tursiops truncatus

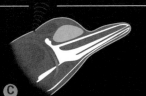

ⓒ 呼气
在喷水的压力作用下，鼻部空气腔的空气呼出，从而发出声音。

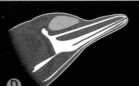

ⓓ 重复该过程
鼻部空气腔放气，发声过程可重新开始。

游戏联系
和其他哺乳动物一样，游戏在鲸目动物的社交生活中扮演着重要角色。

受威胁的鲸目动物

鲸目动物面临着非法捕捞、捕鱼网、海洋环境污染及声污染等主要威胁。人们捕捞大型鲸鱼用于出售鱼肉及其他产品，一些物种已开始大量死亡：数量只剩原来的 5%~10%。目前加湾鼠海豚和中国淡水中的一种海豚面临着最大的灭绝风险。

历史记录

捕捞鲸目动物由来已久。格陵兰的因纽特人一直靠捕捞海洋生物为生。公元 1000 年前后，法国、西班牙沿岸的巴斯克人已初步掌握了用小船出海捕捞南露脊鲸的方法，此时已不仅仅是为了维持生计。当这一类鲸鱼数量下降时，他们甚至远赴北美海岸捕捞其他物种，当时哥伦布尚未发现美洲大陆。近 500 年来，渔船越来越大、速度越来越快，捕鱼技术也日益精湛。整个鲸目动物屠杀史中，20 世纪的破坏力最为巨大。为什么人们对鲸目动物情有独钟？几个世纪以来，人类捕捞鲸目动物是为了利用其椎骨、皮肤、油、脂、腱和须，并食用鲸肉。石油的大量使用开发出更经济的材料，使得捕捞活动日益猖獗：短时间内，人们用新型工具和技术加大了屠宰量。1948 年，许多鲸类已濒临灭绝，国际捕鲸委员会（IWC）应运而生，规定禁止进行商业捕捞，但该保育措施并不成功。虽然一些物种的数量在缓慢恢复，但仍有少数国家（尤其是日本和挪威）尚未停止捕捞活动。日本援引"捕捞用于科学研究"的规定继续捕捞。近年来，冰岛的捕捞活动也有抬头之势。

现状

据估计，大型鲸鱼的数量只剩下原来的 5%~10%。其中一些物种，如南露脊鲸，已被世界自然保护联盟认定为"濒危"级。齿鲸亚目中也有受到威胁的物种，如白头吻头海豚也已被认定为"濒危"级。对于小型须鲸亚目而言，最大的威胁来自于渔网。据统计，在过去 50 年间，海豚最主要的死因是捕捞金枪鱼的渔网。某些物种不断攀升的死亡率是由于海洋和河流污染。人们在南里奥格兰德州（巴西）和阿根廷沿岸的拉普拉塔河豚的胃中发现了尼龙袋、塑料袋和捕鱼的工具。

西非白海豚
Sousa teuszii
成年西非白海豚的数目不足 1 万只，各次级种群的数量不足 1000 只。

加湾鼠海豚
Phocoena sinus
它们生活在加湾北部；据测算，目前加湾鼠海豚的数量已不足 500 只。

恒河豚
Platanista gangetica
属于齿鲸亚目，主要生活在印度水域，目前也处于濒危状态。

江豚
Neophocaena phocaenoides
生活在亚洲海洋及水域沿岸区域的鲸目动物，由于捕捞和环境的退化，江豚也受到威胁。

捕捞导致的威胁
北大西洋露脊鲸也受到海
洋声污染的影响

哥斯达黎加的巨兽

蓝鲸体重 120 吨，体长 30 米，是现存生物中体形最大的。至 20 世纪初，由于其体形庞大且人类难以接近它们的栖息地，它们有幸能逃离人类的魔爪。但随着鱼叉导弹和快速蒸汽船的发明，它们也不再难以捕捞：在 20 世纪的前几十年，就有 36 万头蓝鲸死亡。到 20 世纪 70 年代中期，人类才开始对蓝鲸实施国际保护。可是蓝鲸的数量并没有立即恢复，其中一个族群仅有 2000 头左右，夏季迁徙至加利福尼亚，冬季则迁徙至哥斯达黎加，是目前的蓝鲸幸存者中最重要的族群之一。

◀ 遭遇危险

它们庞大的身躯依然无法逃避海洋中的危险。如与大型船只相撞，蓝鲸可能会遭受致命伤。图为 2007 年，一群科学家发现漂浮在海面上的蓝鲸尸体。自 20 世纪 90 年代中期起，科学家在哥斯达黎加发现越冬的蓝鲸，他们就开始研究在加利福尼亚沿岸度夏的蓝鲸族群的迁徙状况。

▼ 卫星追踪

他们并非是在捕捞蓝鲸，而是科学家们在将卫星探测标签射入蓝鲸体内。这样就可以掌控族群并获取它们的活动信息。

▼ 近距离研究

调查显示，冷水的上升给浮游植物带来足够的营养，而浮游植物又能哺养浮游动物，这和蓝鲸体形的大小有重要关联。

须鲸

门: 脊索动物门	
纲: 哺乳纲	
目: 鲸目	
亚目: 须鲸亚目	
科: 4	
种: 13	

鲸鱼被喻为伟大的"游泳者",一方面是由于它们在水中的活动能力极强,另一方面是由于它们的体形庞大。鲸鱼遍布全世界各大海、大洋,会进行长距离迁徙来寻找适合进食、繁衍、生产和哺育幼崽的环境。须鲸亚目即带须的鲸目动物,有一层材质与人类指甲类似的板,可过滤水中的食物。

Balaenoptera musculus
蓝鲸

体长:25~33 米
体重:120 吨
社会单位:群居
保护状况:濒危
分布范围:除北冰洋外全世界所有大洋

蓝鲸是全世界最大的动物,最长的个体可长达 35 米。目前我们无法确定全世界蓝鲸的数量,应在 1 万 ~2.5 万头之间,仅为 1911 年数量的 11%。

蓝鲸几乎只食用磷虾,平均每天的进食量为 3600 千克,在水面和深海(至 100 米)中均可进食。它们也可下潜至水深 500 米处。它们一般的游泳速度为 22 千米／时,如有必要,也可达到 48 千米／时。它们可潜水 10~20 分钟。

大多数蓝鲸需进行迁徙,也有一些可全年留守同一地点。它们的寿命可长达 110 年。

Eubalaena australis
南露脊鲸

体长:12~18 米
体重:36~72 吨
社会单位:群居
保护状况:无危
分布范围:南极区域

研究人员利用它们背部的胼胝来识别南露脊鲸,并研究它们的饮食、繁衍、迁徙、沟通和行为特征。

夏季,南露脊鲸迁徙至它们栖息地的南部区域,此处有它们的主食——大量浮游生物。到冬春季,它们会向北迁徙。它们的行进速度仅为 8 千米／时,因此极易被捕鲸船捕捉。它们在迁徙期间通常单独行动,或者由母亲带着幼崽;在繁衍地则会形成较大的族群。妊娠期为 11~12 个月,每 3 年可分娩 1 次,哺乳期为 1 年。

Megaptera novaeangliae
座头鲸

体长:12~15 米
体重:35 吨
社会单位:群居
保护状况:无危
分布范围:世界各地

别看其名不扬,座头鲸却是鲸目动物中最灵活的:它们可以连续 100 次全身跃出水面。

它们集体出动觅食,吐出不计其数的泡泡,把猎物围起来,这是它们的"传家法宝"。座头鲸的哺乳期为 4~5 个月,幼崽出生后随母亲生活 1 年,通常还有另一头成年座头鲸相伴。它们还会唱出不同的"歌声",以吸引异性。座头鲸会进行长距离迁徙,从热带水域(它们在此繁衍、哺育)到温带水域或极地附近(这里有充足的食物)。

Eschrichtius robustus

灰鲸

体长：11~15 米
体重：36 吨
社会单位：独居
保护状况：无危
分布范围：太平洋北部和北冰洋沿岸水域

　　雌性灰鲸 5 岁后即可受孕，有时会受到虎鲸威胁，但它们十分护崽。捕鲸者称灰鲸为魔鬼鱼，因为它们极具攻击性，在捕鱼期更是不惜一切代价保护幼崽。与鲸目的其他物种相比，它们的繁衍率更高。

　　它们的迁徙距离几乎是哺乳动物中最长的：每年游经 1.6 万 ~2.25 万千米，速度则在 5~10 千米/时之间。它们从北冰洋出发，远涉重洋至墨西哥太平洋分娩，繁衍地位于圣伊格纳西奥的池塘、斯卡蒙潟湖、

格雷罗内洛罗潟湖和马格达莱纳湾。它们以甲壳类动物为食，尤其是贻贝，在较浅的沿岸水域钻入沙滩即可觅得。

寄居机体
灰鲸是身体和头部附着寄生动物数量和种类最多（重逾100千克）的鲸类。

与众不同的特征
它们喜欢靠岸边游动并把头探出水面，所以它们是最容易辨识的鲸目动物。

Balaena mysticetus

北极露脊鲸

体长：14~18 米
体重：75~100 吨
社会单位：独居
保护状况：无危
分布范围：北冰洋和亚北极区

　　北极露脊鲸是脂肪层最厚的鲸鱼（厚达 70 厘米），它们因此得以全年生活在冰水中。它们也是露脊鲸科最长寿的物种，有的北极露脊鲸寿命可长达 200 年。在迁徙过程中，它们会聚成数量不超过 14 头的小群体，"V" 字形前进。北极露脊鲸以浮游动物为食，在水面和深海区域均可进食。夏季北冰洋冰层融化可能会对其生活习性造成极大的影响。

Balaenoptera acutorostrata

小鳁鲸

体长：7~10 米
体重：6~9 吨
社会单位：独居或群居
保护状况：无危
分布范围：所有大洋

　　小鳁鲸是须鲸亚目中速度最快、动作最敏捷的物种，因此有亚种被称为"侏儒小须鲸"，这一亚种在南北半球从赤道至两极均有分布。

　　它们成群结队地在船只附近游动，并跳出水面。它们还能发出各种声音进行交流，每头小鳁鲸甚至还有不同的"哑音"。

　　小鳁鲸的妊娠期为 10 个月，幼崽初生时长 3 米。

Balaenoptera physalus

长须鲸

体长：19~27 米
体重：70 吨
社会单位：群居
保护状况：濒危
分布范围：世界各地

　　长须鲸为全球第二大动物，仅次于蓝鲸。它们是迁徙动物，但有些族群却留在地中海或加利福尼亚沿岸。长须鲸通常生活在靠近海岸的平静海域，但深度必须在 200 米以上。人们已了解长须鲸的求爱过程，它们是实行一夫一妻制的动物。长须鲸幼崽早熟，一出生即可游泳。它们能发出低频音且游泳速度很快（高达 47 千米/时）。

齿鲸

门：	脊索动物门
纲：	哺乳纲
目：	鲸目
亚目：	齿鲸亚目
科：	6
种：	71

　　齿鲸动物中最有名的当属海豚，然而虎鲸、抹香鲸、突吻鲸、白海豚、大西洋鼠海豚和独角鲸也都属于齿鲸，它们是唯一长齿的水生哺乳动物。齿鲸动物喜社交，是游泳"高手"，虽然各物种都有牙齿，数量却不尽相同。有些物种只有 2 颗牙齿，而有些却多达 200 颗。

Tursiops truncatus
宽吻海豚

体长：2~3.8 米
体重：260~500 千克
社会单位：群居
保护状况：无危
分布范围：除北极和南极外的所有大洋

① ②

合作
宽吻海豚互相合作，共同狩猎：它们要么将一群鱼逼至浅水区域再捕捉（1），要么围成一圈将它们包围，再轮流进餐（2）。

　　宽吻海豚是海豚中最知名的物种。它们进食各种鱼类和甲壳类动物，单独或群体出击均有斩获。它们的平均游泳速度为 5~10 千米/时。一般 20 头左右宽吻海豚形成一个种群，但有时也会多达 100 头。它们是高智商生物，能很快学会新动作。与它们的体形相比，它们的大脑很大，且复杂程度可与人脑媲美。宽吻海豚非常团结，例如会帮助同伴浮出水面呼吸。人们捕捉宽吻海豚用于海洋馆，或用于教育、医疗和军事。

水中的速度
宽吻海豚身体呈流线型，有助于它们在水中快速活动。

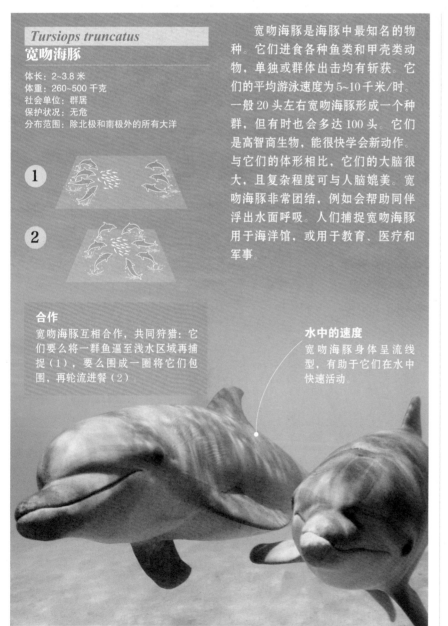

Lagenorhynchus obliquidens
太平洋短吻海豚

体长：1.5~3.1 米
体重：82~200 千克
社会单位：群居
保护状况：无危
分布范围：太平洋的温带和寒带水域

　　太平洋短吻海豚喜欢生活在较深的开放海域，在沿岸水域也有分布。它们的身体呈鱼雷状，在海中能轻快地游动。它们的颜色与众不同：呈深灰色或黑色，胸腔及以下有一块浅灰色或白色的"补丁"，鳍也是双色，可能是水中的伪装方式。

　　太平洋短吻海豚喜群居，有时会形成 1000 头的族群，它们在游泳和休息时步调一致，到觅食时就分散开去。它们季节性的迁徙行为与欧洲凤尾鱼一致。

Delphinus
真海豚

体长：1.6~2.6 米
体重：100~140 千克
社会单位：群居
保护状况：无危
分布范围：大西洋和太平洋从热带到寒带水域

真海豚是海豚中数量最多、分布最广泛的物种。它们喜欢生活在沿岸区域，但也可在深海中游泳。一般情况下，真海豚的游泳速度为 10 千米/时，但也可达到 46 千米/时。它们以鱼类和鱿鱼为食。在热带东太平洋海域，它们常与黄鳍金枪鱼（*Thunnus albacores*）共同活动。它们声音优美，但潜水时间却只有短短几秒。它们的色素沉着特征明显，背鳍下有黑色的"V"形区域，"V"形区域以下部分的形状与沙漏类似。真海豚为群居动物，且非常团结，有时一个族群会多达 10 万头。

醒目的颜色
一道黑色带状物从下颚一直延伸到鳍

Grampus griseus
灰海豚

体长：3.5~4.3 米
体重：300~600 千克
社会单位：群居
保护状况：无危
分布范围：所有热带和温带大洋及邻近的大海

灰海豚只有下颚前部有牙齿，但这为数不多的牙齿已足够锋利，可以在争斗中弄伤对手，所以它们的身体总是伤痕累累。灰海豚动作灵活，颜色也十分引人注目：出生时通身呈金属灰，然后逐渐变成棕色和赭色，鳍之间有一块白色。它们以头足纲动物为食（章鱼、鱿鱼、乌贼、鹦鹉螺），但它们的主要食物还是鱿鱼。

Lissodelphis borealis
北露脊海豚

体长：2~3 米
体重：90~113 千克
社会单位：群居
保护状况：无危
分布范围：北太平洋

北露脊海豚生活在温度为 24 摄氏度左右的深水水域中，只有在沿岸水域深度足够时才会接近岸边。它们身体修长，没有背鳍，游动时动作非常灵活。它们一般由 100~200 头个体汇成一群，统一行动，只是它们的总数量也不过 2000 头左右。

北露脊海豚主要以鱿鱼和各种鱼类为食，可以下潜至水深 200 米处。

Cephalorhynchus commersonii
花斑喙头海豚

体长：0.64~1.5 米
体重：40~86 千克
社会单位：群居
保护状况：数据不足
分布范围：智利、阿根廷及马尔维纳斯群岛沿岸

花斑喙头海豚身形短小，外形更像鼠海豚，而行为特征却与海豚相符。它们身体黑白相间，且每头花斑喙头海豚的色块均不相同，因此极易区分。它们集体出动，泳速极快，有时甚至能反向游泳（腹部朝上）。花斑喙头海豚喜社交，常与其他海洋哺乳动物和鸟类互动，且喜欢生活在沿岸区域。

Globicephala melas
长肢领航鲸

体长：4~8米
体重：1.8~4吨
社会单位：群居
保护状况：数据不足
分布范围：大西洋北部、大西洋南部（直至南极）

非常活跃
它们能潜水10分钟，
并且高速前进

行为
长肢领航鲸喜群居，
有时会大规模搁浅，
搁浅原因尚不明了。

长肢领航鲸头部硕大，呈球形或瓜形。它们的潜水深度在30~1800米不等。长肢领航鲸实行一夫多妻制，雄性在交配期对其他雄性充满进攻性，甚至会"两头相撞"。它们通过口哨声相互交流，主要以鱿鱼为食。它们常在海洋中穿行，以寻找食物丰富的区域。

Lagenorhynchus obscurus
暗色斑纹海豚

体长：1.8~2.1米
体重：85~100千克
社会单位：群居
保护状况：数据不足
分布范围：南半球海洋

暗色斑纹海豚体形中等，几乎没有吻。它们性行为较为杂乱，无固定伴侣，但社交黏合度很高。它们能做出高难度动作，当一头暗色斑纹海豚开始跳跃时，其他暗色斑纹海豚也会相继模仿。它们行为活跃、喜社交，很容易被发现。它们集体觅食，主要以鳀鱼、鱿鱼和虾为食，虎鲸是它们的头号天敌。

Stenella longirostris
长吻原海豚

体长：1.3~2.1米
体重：45~75千克
社会单位：群居
保护状况：数据不足
分布范围：热带海洋

长吻原海豚体形娇小，常跃出海面旋转，这在鲸目动物中不多见。它们身上呈经典的三色：背部为暗色、体侧为珍珠灰、腹部为白色。长吻原海豚为群婚制：雄性和雌性交配时并不将对方作为伴侣。因为它们出色的学习能力，经常成为科学研究的对象。

Sotalia fluviatilis
亚马孙河白海豚

体长：1.4~2.1米
体重：50~60千克
社会单位：群居
保护状况：数据不足
分布范围：亚马孙河流域及中美洲、南美洲沿岸

最新研究表明，有两种不同的物种：一种为淡水亚马孙河白海豚，它们生活在亚马孙流域的河流和湖泊中；另一种为海洋亚马孙河白海豚，它们生活在较浅的河口和海湾中。亚马孙河白海豚的主色调为灰色，腹部可能呈白色或粉色。它们的配对方式为一妻多夫制。

Stenella coeruleoalba
条纹原海豚

体长：2.2~2.6米
体重：140~160千克
社会单位：群居
保护状况：无危
分布范围：热带和温带海洋

所有条纹原海豚的色块一致：背部呈蓝灰或棕色，腹部呈粉红或白色，有两道暗色条纹（因此得名），一道从嘴部延伸至身体后半部分，另一道从眼下延伸至腹鳍。它们能做出高难度动作，跃出水面7~8米。条纹原海豚群一般不超过500头，但有时也会形成1000头的群体。

Orcinus orca
虎鲸

体长：6~10 米
体重：4~7.7 吨
社会单位：群居
保护状况：数据不足
分布范围：全世界各地

长牙期
虎鲸的上颚和下颚
中长有20~28颗相互
咬合的锥形牙齿。
每颗牙的尖处均有
珐琅质覆盖。

虎鲸是鲸目动物中分布最广泛的物种，可能也是除人类外分布最广泛的哺乳动物。它们能在任何地区的水域中生活，包括海湾、河口和河流。但它们最常出没于生产率高的寒冷沿岸水域。

虎鲸是海豚科体形最大的物种，也是海洋中最大的捕食者：它们进食各种鱼类和哺乳动物，甚至体形超过自己的动物也成了它们的腹中餐。因此它们盘踞海洋食物链顶端，被称为"杀人鲸"。它们身上黑白两色十分鲜明。雄性的背鳍很高，可达 1 米，这是其与雌性最显著的差别。每头虎鲸的背鳍都有独特的形状和斑点，可用于区分不同个体。它们通过精细的口哨声和呼叫系统进行沟通，并利用回声定位搜寻猎物，具体方法取决于它们窥探的对象。有时它们不动声色地行进，以免被猎物发现。

北巴塔哥尼亚虎鲸有世界上独一无二的捕食方式。为了捕食南海狮（*Otaria flavescens*）和南象海豹（*Mirounga leonina*）的幼崽，它们假装在海滩搁浅。这种方法需要长年累月地练习，并不是所有虎鲸都会。

与众不同的特征
虎鲸的皮肤呈亮黑色，
腹部呈白色。眼后有一
块白色斑点。

假装搁浅来捕食

① 虎鲸埋伏在沿岸深水水域中，等待南海狮和南象海豹的幼崽。

② 虎鲸通过回声定位或观察发现可能的猎物。

③ 快速游向岸边，几乎全身跃出海面，用嘴捉住猎物。

④ 快速活动头、身、尾，直至海浪将其冲回大海，再在海中吞下猎物。

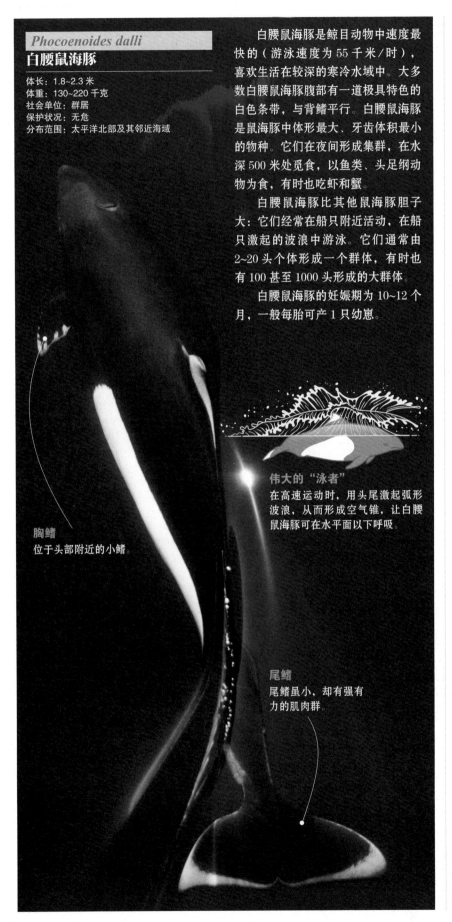

Phocoenoides dalli
白腰鼠海豚

体长：1.8~2.3 米
体重：130~220 千克
社会单位：群居
保护状况：无危
分布范围：太平洋北部及其邻近海域

胸鳍
位于头部附近的小鳍。

尾鳍
尾鳍虽小，却有强有力的肌肉群。

白腰鼠海豚是鲸目动物中速度最快的（游泳速度为 55 千米／时），喜欢生活在较深的寒冷水域中。大多数白腰鼠海豚腹部有一道极具特色的白色条带，与背鳍平行。白腰鼠海豚是鼠海豚中体形最大、牙齿体积最小的物种。它们在夜间形成集群，在水深 500 米处觅食，以鱼类、头足纲动物为食，有时也吃虾和蟹。

白腰鼠海豚比其他鼠海豚胆子大：它们经常在船只附近活动，在船只激起的波浪中游泳。它们通常由 2~20 头个体形成一个群体，有时也有 100 甚至 1000 头形成的大群体。

白腰鼠海豚的妊娠期为 10~12 个月，一般每胎可产 1 只幼崽。

伟大的"泳者"
在高速运动时，用头尾激起弧形波浪，从而形成空气锥，让白腰鼠海豚可在水平面以下呼吸。

Phocoena phocoena
鼠海豚

体长：1.4~2 米
体重：45~75 千克
社会单位：群居
保护状况：无危
分布范围：北半球寒冷及靠近北极的水域

鼠海豚是北欧海洋中分布最为广泛的鲸目动物。它们喜欢生活在深水水面，在海湾、港口甚至河流上游均有分布，可潜水 4~6 分钟。它们的寿命在鲸目动物中处于平均水平，约 10 年。夏初会产下 1 只幼崽，跟随母亲生活 1 年。

Phocoena sinus
加湾鼠海豚

体长：1.2~1.5 米
体重：30~55 千克
社会单位：群居
保护状况：极危
分布范围：加利福尼亚湾（墨西哥）

加湾鼠海豚是鼠海豚中最小的物种（也是鲸目动物中最小的），不仅分布地域少，且面临最严重的灭绝危险，据称全世界该物种不超过 500 头。

加湾鼠海豚喜欢生活在混浊的水域中，这里营养丰富，它们一般在 10~50 米深处活动，且离岸不超过 25 千米。它们运动时几乎不搅动水波，可在水下停留较长时间。它们数量急剧减少的原因主要是人类在其栖息地大肆用渔网捕鱼。

加湾鼠海豚的寿命约为 20 年。

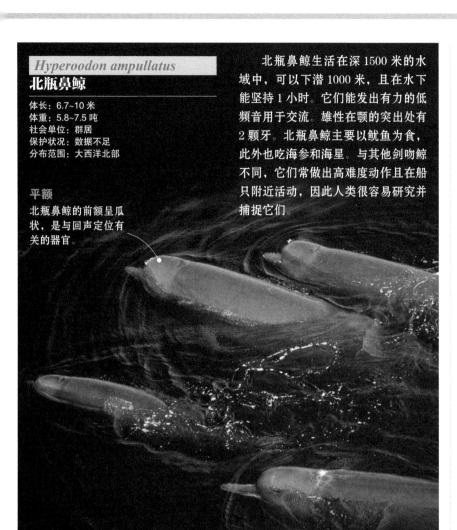

Hyperoodon ampullatus
北瓶鼻鲸

体长：6.7~10 米
体重：5.8~7.5 吨
社会单位：群居
保护状况：数据不足
分布范围：大西洋北部

平额
北瓶鼻鲸的前额呈瓜状，是与回声定位有关的器官。

北瓶鼻鲸生活在深 1500 米的水域中，可以下潜 1000 米，且在水下能坚持 1 小时。它们能发出有力的低频音用于交流。雄性在颚的突出处有 2 颗牙。北瓶鼻鲸主要以鱿鱼为食，此外也吃海参和海星。与其他剑吻鲸不同，它们常做出高难度动作且在船只附近活动，因此人类很容易研究并捕捉它们。

Ziphius cavirostris
柯氏喙鲸

体长：5~7 米
体重：2.5~3.5 吨
社会单位：群居
保护状况：无危
分布范围：除两极外的所有大洋

由于柯氏喙鲸分布广泛，人们通常认为它们是全世界数量最多、分布最广泛的剑吻鲸或吻鲸。

柯氏喙鲸呈黑偏棕色，体侧和腹部有白色的斑点和伤疤。它们可以下潜至很深的深度，最深记录为 2000 米。此外，它们还能在水中停留半小时。

雄性的下颚处可见 2 颗牙，但雌性和幼崽却没有。年龄较大的柯氏喙鲸通常独居，其他柯氏喙鲸则会形成集群活动、觅食、潜水。它们主要以鱿鱼和深海鱼类为食。柯氏喙鲸主要分布在热带地区，到夏季会向北往温带水域迁徙。

当长到 5~6 米长时，雄性和雌性都会性成熟。它们全年均可繁衍，妊娠期为 360 天左右。刚出生的幼崽长 2~3 米。

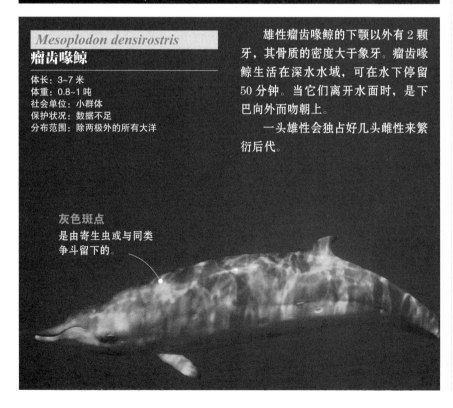

Mesoplodon densirostris
瘤齿喙鲸

体长：3~7 米
体重：0.8~1 吨
社会单位：小群体
保护状况：数据不足
分布范围：除两极外的所有大洋

灰色斑点
是由寄生虫或与同类争斗留下的。

雄性瘤齿喙鲸的下颚以外有 2 颗牙，其骨质的密度大于象牙。瘤齿喙鲸生活在深水水域，可在水下停留 50 分钟。当它们离开水面时，是下巴向外而吻朝上。

一头雄性会独占好几头雌性来繁衍后代。

深海潜水者

大多数齿鲸动物均在深海觅食，下潜深度可超过 1000 米。由于其生理机制可高效地利用氧气，因此抹香鲸可在水中停留近 2 小时。鲸蜡器官位于头部，在进行深海潜水时可起到良好的调节作用。

氧气利用

每次呼吸时，抹香鲸(与其他鲸目动物一样)会更换大部分肺容量，然后再存储氧气

15%

人类每次呼吸时
更换的比例

85%

抹香鲸每次呼吸时更换的比例

Physeter macrocephalus

抹香鲸

体长：11~20 米
体重：35~50 吨
社会单位：独居或群居
保护状况：易危
分布范围：全世界各地

相互接触

抹香鲸通常几头共同行动，相互摩擦和抚摸。

抹香鲸是全世界最大的肉食动物，身体呈灰色或暗棕色，下半部分偏白。雄性的体重是雌性的 2 倍。雄性在夏季会向较冷的水域迁徙去觅食，而雌性则留在热带水域。

社会结构

雄性多喜独居，雌性则通常与幼崽或年轻的抹香鲸形成集群。到了繁衍期，几头雄性会混入这一集群，形成一夫多妻制，竞争十分激烈。

繁衍和哺育

抹香鲸的妊娠期为 14~19 个月，一般每胎只产 1 只幼崽，幼崽体长约 4 米，体重约 1 吨。幼崽快 1 岁时开始吃固体食物，但还需要母亲再照料 2 年。

① **喷水孔**

氧气通过位于头部左侧的喷水孔从外部进入，并向前传输

② **氧气分配**

肺部和心脏获得的氧气较多，而消化器官获得的氧气较少。

大嘴

抹香鲸可张着嘴游泳，这样可同时捕捉猎物，吸入完整的鱿鱼和章鱼。

肌肉

鲸脑油

喷水孔

颌骨

牙齿

下颚中有 16~30 对有力的锥形牙齿。

起推动作用的尾巴

抹香鲸的尾巴没有骨质结构，却有极具弹性和多纤维的组织，使其既有力又灵活，尾巴在游泳过程中起到了主要推动作用。

呼吸系统的适应

抹香鲸潜水时胸腔和肺部会收缩，空气从肺部进入气管，减少无用的氮气的吸入量。当潜水结束时，它们还会将氮气从血液迅速传输至肺中，减少血液向肌肉的循环。肌肉中含有肌红蛋白和蛋白质，可用于储存氧气。

喷水孔
在喷水孔以下有两条通道，一条用于呼吸，另一条用于发声。

心脏
抹香鲸潜水时心跳速度放缓，从而限制氧气消耗。

血液
抹香鲸血流充足，血液中富含血红蛋白，可运输大量氧气。

细脉网
可过滤进入脑部血液的血管网络，防止潜水过程中形成的气泡进入大脑。

肺部
高效地吸入氧气。灵活的胸腔可防止因潜水时的压力受伤。

这是抹香鲸在不呼吸的情况下可在水中停留的时间。

③ 心跳过缓
当抹香鲸潜入水中时，心跳速度会放缓，以减少氧气消耗。

这是抹香鲸可达到的最大行进速度。

鲸蜡器官

抹香鲸的头部有一处巨大的腔，称为鲸蜡器官，腔中有油性物质（鲸脑油），其功能仍有待商榷：一方面，人们认为鲸脑油有助于控制抹香鲸的漂浮能力，可通过提高或降低温度来增加或减少密度；另一方面，人们认为鲸脑油有助于抹香鲸的回声定位和交流，与海豚的额隆体类似。

鲸蜡器官占全身总重量的百分比

总重量
可重达500吨

水下和水上

作为用肺呼吸的哺乳动物，抹香鲸需要下潜至深处寻觅鱿鱼和章鱼作为食物。它们可下潜至水深1000米处，通过对抹香鲸胃内的鱼类进行研究，可知它们能下潜至3000米以下。在2次潜水之间，它们会在水面休息，并喷出空气。

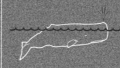

0 米
在水面
通过位于头顶的喷水孔吸入氧气

–1000 米
在水中
可利用储存的空气长时间潜水

0 米
在水面
喷气，释放肺中的空气

Delphinapterus leucas
白鲸

体长：3.5~5.5 米
体重：0.7~1.5 吨
社会单位：群居
保护状况：近危
分布范围：北极及亚北极区

　　白鲸是鲸目动物中脂肪含量最高的（高达 50%），这使它们可以更好地适应栖息地的寒冷气候。它们出生时呈灰色或蓝色，随着年龄的增长，会逐渐变成纯白色。白鲸没有背鳍。它们头部很大，呈瓜状，在发声时可能会变形（它们被称为"海洋金丝雀"），它们发声时的动作也会改变它们的面部特征。与其他鲸目动物不同，它们的颈椎并未固定，因此头部

牙齿
上下颚的每一侧均有 8~10 颗牙齿。

　　活动范围很大，视角也就更广。虽然它们的视角比不上海豚，听力却比海豚出色。白鲸会在冰块之间寻找未凝固的水域，以便浮出水面呼吸。它们喜社交，且游泳速度很慢。白鲸可下潜至 700 米的深度，但在夏季它们一般生活在较浅的水域，如沿岸水域和河口。

　　白鲸的天敌是虎鲸和北极熊。

　　雌性每 2~3 年可产 1 只幼崽，但到 20 岁时就停止生育。初生的幼崽和母亲一起游泳，需要母乳喂养 2 年。

Monodon monoceros
一角鲸

体长：4~5 米
体重：0.7~1.8 吨
社会单位：群居
保护状况：近危
分布范围：北极及大西洋北部

　　一角鲸以其"角"而闻名，是唯一犬齿长出上嘴唇的鲸目动物，犬齿呈螺旋状，长达 2~3 米。人们认为这是一角鲸的第二性征，用于与其他雄性争斗，或移除海底沉淀物进行觅食。它们全年都生活在较深的寒冷水域中：冬季在冰块附近活动，夏季则生活在较深的海湾和峡湾中。冰块的前后移动可显示它们迁徙时的路线。

Kogia breviceps
小抹香鲸

体长：2.5~3.5 米
体重：350~400 千克
社会单位：群居
保护状况：数据不足
分布范围：较深的高温海洋

身体形状
前半身强壮而硕大，朝尾鳍方向渐次细窄。

嘴
只有下颚上有牙齿，牙齿又细又尖。

　　与抹香鲸一样，小抹香鲸前额处有一种被称为鲸脑油的油脂（因此也被称为"蜡鲸"），可用于调整血液温度，并在上下游动时调节生理参数。它们可在深海觅得大多数食物：鱿鱼、鱼类和螃蟹。

　　小抹香鲸眼后有伪鳃，因此常与鲨鱼混淆，鲨鱼是小抹香鲸的天敌之一。小抹香鲸的肠子中有一个装着红色液体的囊，在受到惊吓时会破裂，这可能是一种驱赶敌人的方法。

　　小抹香鲸的妊娠期为 9 个月，幼崽在春季出生。

Inia geoffrensis
亚河豚

体长：1.2~2.5 米
体重：100~185 千克
社会单位：群居
保护状况：数据不足
分布范围：亚马孙流域和奥里诺科河流域

亚河豚是河豚中体形最长、最出名的物种。它们的颜色各不相同，有灰色、白色或粉红色。它们面部很胖，可能会阻碍视线，所以它们经常仰泳。亚河豚的身体结实而灵巧。

亚河豚游泳速度较慢，也不喜欢下潜至过深的水域，但遇到水流湍急处也能快速流动。到了旱季，它们只能在河流主干道和深湖中活动，等到雨季就可以到洪涝区生活，甚至可以在树木间游动。雄性通常选择开放的水域，而雌性则更青睐较浅的平静水域，方便其照看幼崽。亚河豚的妊娠期为 8~9 个月。雌性的保护欲很强，哺乳期约为 1 年。

亚河豚可食用 19 科的 43 种鱼，其中包括石首鱼、脂鲤、锯鱼等。在雨季，它们的饮食更为多样化，但到了旱季就只能吃数量较多的物种。亚河豚通常与其他物种共同生活，如南美长尾海豚和巨獭，方便定位并捕捉猎物。

精准的活动
亚河豚的头部和胸鳍非常灵活，可在繁茂的植物丛中穿行。

独特的面庞
亚河豚的头部可向各个方向运动，它们的嘴部细长，有 2 排牙齿，共计 140 颗。

Platanista gangetica
恒河豚

体长：2~3.5 米
体重：50~90 千克
社会单位：独居
保护状况：濒危
分布范围：南亚次大陆

恒河豚的吻长而尖，视线较差，只能辨别是否有光。它们可在水温 8~33 摄氏度之间的水域生活，生活的水深通常在 3~9 米之间。恒河豚的鳍很长，可达身长的 20%。

虽然恒河豚属独居动物，但是它们会在猎物富集地成群出没。它们身体右倾着前行，嘴露出水面 10 度来觅食。它们可在水下屏气 3 分钟。恒河豚的食物包括各种鱼、软体动物以及乌龟和鸟类。它们在其栖息地处于食物链顶端，人类是它们唯一的天敌。

恒河豚会持续发声，因为这声音可用于回声定位。

恒河豚的妊娠期约为 10 个月，幼崽一般在 4~5 月出生。幼崽的哺乳期约为 1 年，一旦断奶就会离开母亲。

Pontoporia blainvillei
拉河豚

体长：1.3~1.8 米
体重：20~60 千克
社会单位：独居
保护状况：易危
分布范围：拉普拉塔河河口及南大西洋沿岸

拉河豚是鲸目动物中嘴最长的物种，可占身长的 15%，有 2 排牙齿，每排都有 100 多颗。它们在咸水和淡水中均有分布，但一般喜欢生活在较浅的海洋沿岸（30 米深）。它们有横向的盖。

拉河豚生性腼腆，与其他河豚相比社交性不强。它们游速很慢，也无法做出复杂的动作。

刚出生的幼崽体长约为 70 厘米，体重 7~9 千克。哺乳期约 9 个月。

拉河豚以各类海底鱼为食，虎鲸和某些鲨鱼是它们的天敌。有大量拉河豚死于人类捕捞。

大象、土豚、蹄兔和海牛

虽然大象、蹄兔和海牛看上去形态迥异，它们却是来自同一个演化族系。它们均为草食哺乳动物，人们将其归入近有蹄类。土豚仅在非洲有分布，虽非草食动物，但进化史与近有蹄动物十分类似。

大象

长鼻目下仅有一科，即象科，它们是地球上最大的陆生动物，是第三纪（3000万年前）幸存下来的大型草食动物。当时的长鼻目下有7科，共计几十种。人们将象科分入长鼻目，因为它们从上唇延伸出的鼻子可以夹取物件。此外，它们的脚趾上有类似趾甲的结构。

门：脊索动物门
纲：哺乳纲
目：长鼻目
科：象科
种：3

特征

大象有一根长而有力的鼻子，被称为"长鼻"，在它们探索、觅食、喝水甚至争斗时均十分有用。大象有2根"牙齿"，实则为上切牙，其中非洲雄象的牙齿长逾3米，而亚洲雌象则没有这种牙齿。它们的臼齿已经适应了咀嚼粗糙的食物，当牙齿磨损到一定程度时，会自动换牙。大象的头骨又短又高，后方隆起处的肌肉支撑住整个头颅、牙齿和鼻子。它们的皮肤粗糙且多褶皱，但少毛。

饮食

大象为草食动物，进食各类根、茎、叶及农作物。它们的食量很大，每头大象每天需进食250~400千克食物。它们会剧烈晃动，让树上的枝叶和树皮纷纷掉落，再用鼻子像手一样捡起水果。此外，它们还能用鼻子打架或逃脱障碍。大象的迁徙主要是为了寻找新鲜的水源、食物和树荫。

行为

大象的社会系统十分复杂，象群由一头成年雌象带领，雄象则通常与雌象分开行动。它们的嗅觉和听觉十分灵敏，视觉稍逊一筹，寿命可达70~80年。

大象用不同的声音进行交流，有些是由声带发声，还有些是用脚踩地产生的声音。在某些地区，如亚洲，经济利益会凌驾于动物保护之上，人们为了获取象牙而大肆猎捕大象，导致大量象群消失。

巨人
它们可以使用简单的工具，并做出复杂的社会行为。

各式鼻子

亚洲象和非洲象的基本差异。

非洲象
取物时轻轻捏住物件。

亚洲象
裹住物件外围。

亚洲象
鼻子上有一个"指状物"。

非洲象
鼻子上有两个"指状物"。

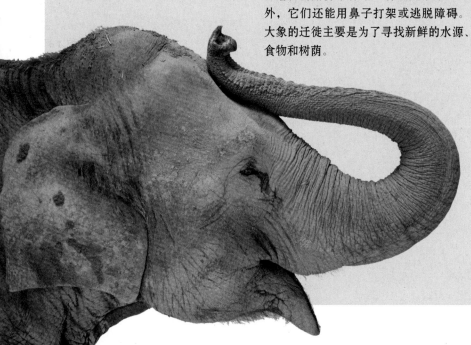

Loxodonta africana
普通非洲象

体长：6~7 米
尾长：1.5~1.7 米
体重：4.5~6.5 吨
社会单位：群居
保护状况：易危
分布范围：非洲西部与南部

非洲象是目前全球最大的陆生动物。它们一般的行走速度为5~6千米/时，但在特殊情况下可达24千米/时。一对大耳可帮它们抵御热浪、调节体温，可以方便地适应不同栖息地，如近沙漠区、大草原、热带雨林和沼泽地。非洲象在海拔以上4500米处亦有分布。

非洲象没有固定的繁衍季节，雌象全年均可受孕，在雌性激素大量分泌时，雌象会用低频音呼叫雄象。雄象长到20岁性成熟，并周期性进入"狂暴"状态，这一状态将持续3周，期间雄象的脸上会分泌一种特殊物质，这种特殊物质与其体内的高水平睾丸激素相关。它们

通常会用尿液圈定领地用于交配。此时雄象的腺体膨胀，这是它们唯一体现出进攻性的时刻，甚至会为了交配而"大打出手"。然而矛盾的是，雌象并不总在此时择偶，而是在雄象的"狂暴"状态结束后。

非洲象的象群通常由体形最大的雌象领头，而雄象则单独行动，只有在需要繁殖时才接近雌象。非洲象的妊娠期也是陆生动物中最长的（近2年），脑体积也是陆生动物中最大的（5千克）。它们全天活动，只有在气温过高时才会休息一会儿，白天或夜晚均可入睡。非洲象面临的最大威胁是人们为了获取象牙而大肆捕猎它们。

腿和足
前足有4片趾甲，后足只有3片。

Elephas maximus Linnaeus
亚洲象

体长：5.5~6.4 米
尾长：1.2~1.5 米
体重：3~5 吨
社会单位：群居
保护状况：濒危
分布范围：印度部分地区及东南亚

亚洲象在许多方面与非洲象不同：耳朵更小，体形也更小；全身最高处为头顶而非背部。雌象没有牙齿，且后足有4片趾甲，而非3片。它们喜欢生活在草原上，那里有充足的食物。它们行动的主要目的仅为觅食。幼崽不仅可以喝母亲

的奶，也可以喝其他雌象的奶。它们的社会结构及圈定交配区域的行为均与非洲象类似。亚洲象面临的最大威胁为捕猎和栖息地的变化，因为它们的栖息地是世界上人口最密集的地区之一。

支撑
亚洲象的腿呈圆柱形，且有弹性组织支撑

Loxodonta cyclotis
非洲森林象

体长：1~4 米
尾长：1~1.5 米
体重：2.7~6 吨
社会单位：群居
保护状况：易危
分布范围：非洲中部与西部

长久以来，人们一直认为非洲森林象只是非洲象的一个亚种，这一认识直到基因研究证明它们是不同的物种才有所改变。与非洲象相比，它们体形更小，牙齿也更细、更直，这有利于它们穿越茂密的热带雨林。非洲森林象通常聚成小群。除了各种水果、树皮和根外，它们还吃泥土来获取矿物质。

母系氏族王朝

很难想象大象属于我们这个世界。它们的外形、构造、力量、抛向空中的垃圾、面向人类（它们唯一的天敌）的消极态度等，都使它们与时代格格不入。它们仿佛应该出现在神话故事和传说中，如梦亦如幻。

国家地理特辑
非洲象报告

▶ **无声的喊叫**

大象之间的交流是高度智能化的，有精细的通信码：人们已破译出大象的25种声音，其中大多为低频音或次声波，大象可在10千米以外听到。

桑布鲁位于肯尼亚腹地，是肯尼亚的一处水库，原意为"林木稀疏的草原"。这里的一切都极具异域风情，透出荒蛮的质朴与美丽。这里有繁茂的花丛、小河潺潺，红土遍布，还有以象为王的动物群。它们相互交织，让我们领略这片"原始非洲"的图景。在这片土地上，900多头大象与长颈鹿、河马、细斑马、水牛、狮子、豹子、猎豹、蛛猴、鳄鱼、鸵鸟和其他十几种羚羊生活在一起。

大象的祖先曾经有300多个物种，如恐兽、嵌齿象、乳齿象和猛犸象等，它们曾经占据了地球。但岁月无情，在它们1600万年的演化过程中，只有3个物种得以幸存：亚洲象、非洲森林象和非洲象。其中非洲象体长5米，身高4米，重逾5吨（雌象的体形稍小），是最大的陆地动物。还不算它那长达2米、由15万块肌肉组成的鼻子和2根长牙。直到20世纪，它们的每根牙仍可长达3米、重达100千克（当时捕猎者尚未扫荡干净最好的象牙）。

非洲象的象群最多可由24头象组成，其中一头为领头雌象，其他为成年雌象（通常有亲属关系）及其幼崽。而雄象则喜独来独往，只有当雌象发出发情期信号时才会靠近象群。在长距离迁徙途中，象群会合并，形成上千头大象共同迁徙的壮观场面。象群的行动取决于头象：它将决定何时进食、何时洗澡、何时休息。头象的领导地位受年龄限制，一旦到50~60岁，头象将被抛弃，不得不独自离开，由象群中体形第二大的雌象继任。

▶ 在水塘中送走夕阳

大象用大半天时间吃下200
千克树叶和树枝。为了支撑
迁徙的消耗，它们还得喝下
120升的水，因此它们总在
日落时找到水塘。

非洲象的体形与其生活环境息息相
关。普通非洲象和非洲森林象都会不断
适应环境，并履行基本的职能。它们吞
下的种子（在经过它们的消化道后）发
芽的概率更大，且能散落各地，这相当
于修复了环境。此外，其他动物也能从
中获益，比如它们挖井解渴后，其他动
物也能来坐享渔翁之利。在古埃及文化
中，大象象征着复活，需要屎壳郎的清
理才能不致脏臭。体形如此硕大的哺乳
动物需要占用巨大的面积，面积的大小
取决于象群中大象的头数及食物的供应
情况，具体从15~1500平方千米不等。

由于象牙的珍贵，人们从未停止对
大象的猎杀，从而将象牙占为己有。大
规模的屠杀始于18世纪末的欧洲，当
时活着的大象几乎绝迹，只剩下象牙
（从地名中便可见一斑："象牙海岸"，
本应为"大象海岸"才是）。白种人在
最肥沃的地区定居，大大削减了大象的
栖息地面积。因此20世纪初，当大象
的数量开始大量减少时，保护主义者提
议建立国家公园和保护区。但对大象的
猎杀并未停止：偷猎者已经装配上了自
动化设备。几十年过去了，大象的生存
环境每况愈下，截至1979年的统计结
果显示，非洲原先的1000万头大象中
仅有130万头幸存。10年后，政府颁
布法令规定了象牙禁猎区，当时仅剩下
50万头大象。1996年，世界自然保护
联盟将非洲象列入濒危物种名录。这一
情况终于引起全世界警觉，保护措施也
开始产生积极影响（2004年降为"易危"
级），目前全非洲约有60万头大象。
大象的存活不仅归功于禁猎，也要感谢
保护区的建立和管理，保护区可以促进
区域交流并缓解当地的经济困难。在经
济因素的推动下，非洲建成了世界上最
大的大象保护区。

蹄兔

门:	脊索动物门
纲:	哺乳纲
目:	蹄兔目
科:	蹄兔科
属:	3
种:	4

蹄兔尾短,后蹄有 3 趾,其中两片趾甲形似有蹄动物的蹄甲。前蹄和后蹄的足底有特殊的汗腺,可保持足部湿润。柔软有弹性的足底可增加其蹬地时的摩擦力。蹄兔为杂食动物。蹄兔中的某些种生活在树上,另一些生活在岩层中。

Dendrohyrax arboreus
南非树蹄兔

体长: 40~60 厘米
尾长: 1~3 厘米
体重: 1.5~4.5 千克
社会单位: 独居
保护状况: 无危
分布范围: 非洲中部与东部的热带雨林地区

南非树蹄兔生活在森林中(海拔可高达 4500 米),森林中有各种树龄的树木。到了进食时间(晚上 20~23 点及凌晨 3~5 点)会发出很大的叫声,雄性的叫声尤其响亮。一天中的大多数时间都一动不动。

南非树蹄兔全年可繁殖,12 个月大的雌性即可受孕,妊娠期为 7 个月。

Heterohyrax brucei
黄斑蹄兔

体长: 33~56 厘米
尾长: 无
体重: 1~4.5 千克
社会单位: 群居
保护状况: 无危
分布范围: 埃及东南部至安哥拉中部及南非东北部

黄斑蹄兔生活在多岩石的山坡上,以山上的树和灌木为食。它们的栖息地海拔可高达 3800 米。黄斑蹄兔的视觉和听觉很好。它们有时进攻性很强,小心谨慎,会毫不犹豫地咬入侵者。它们用很尖的声音进行交流。黄斑蹄兔一般在日间行动,很喜欢晒太阳,经常与蹄兔生活在一起。

Hyracoidea
蹄兔

体长: 47~58 厘米
尾长: 1.1~2.4 厘米
体重: 1.8~5.4 千克
社会单位: 群居
保护状况: 无危
分布范围: 撒哈拉以南的非洲、阿拉伯半岛、黎巴嫩、约旦、以色列

蹄兔的栖息地分布十分广泛,但它们并不自己筑巢,而是占用其他动物的巢。

蹄兔产生的尿液和体液会留下行踪,人类用这两种液体的混合物治疗癫痫和痉挛,还可用来调节月经周期。

多达 80 个个体生活在一起,它们分成诸多小集群。

土豚

门:	脊索动物门
纲:	哺乳纲
目:	管齿目
科:	土豚科
种:	1

土豚生活在非洲,是管齿目中唯一的物种。它们的吻和舌均可长达 30 厘米,用于捕食昆虫。

Orycteropus afer
土豚

体长: 1.1~1.35 米
尾长: 50~60 厘米
体重: 40~82 千克
社会单位: 独居
保护状况: 无危
分布范围: 撒哈拉以南的非洲

土豚专吃昆虫,是捕食白蚁的"专家",所以它们喜欢生活在白蚁聚居地附近。它们的身体构造特别适合挖掘:皮厚可防止蚂蚁叮咬;牙齿呈管状,由牙骨质包裹,且无牙根,一旦磨损可立马长出新牙。土豚每晚会走 10 千米寻找食物。

海牛和儒艮

门：脊索动物门	
纲：哺乳纲	
目：海牛目	
科：2	
种：5	

海牛和儒艮一直生活在水中，前肢已演变成鳍，后肢退化成扁平的宽尾，可推动身体在水中前行（其身体构造符合流体动力学且身上无毛）。海牛和儒艮的骨密度很低，所以可悬浮在水中。它们能形成较大的集群，且个体间互动频繁。

Dugong dugon
儒艮

体长：2.4~3 米
体重：230~400 千克
社会单位：群居
保护状况：易危
分布范围：非洲东海岸、亚洲南部、澳大利亚北部和太平洋南部群岛

鼻孔
儒艮的鼻孔位于头部最高处，在儒艮浮出水面时进行换气。

儒艮是海牛的近缘种，与海牛非常相似，但"海洋属性"更强，且尾部形状不同。儒艮是唯一一种完全草食的海洋哺乳动物，它们以深度在 1~5 米之间的水草为食，可在水下停留 4 分钟。儒艮皮糙毛少，毛都集中在嘴边，类似猪毛。它们的尖牙发育完全，但只在成年的雄性和老年雌性口中可见。儒艮的游泳速度约为 10 千米／时，并不进行迁徙，只在生活区域内进行大范围的活动。

Trichechus manatus
西印度海牛

体长：3~4.5 米
体重：0.2~1.5 吨
社会单位：独居或偶尔群居
保护状况：易危
分布范围：美国的佛罗里达半岛至巴西北部

西印度海牛生活在沿岸水域中，水深最多可达 5 米，有时也会进入河流、河口和运河。西印度海牛毛少且经常换皮，以免水草在皮肤上过度堆积。此外，还会换臼齿。

一头雌性可吸引 20 多头雄性，追求期在 1 周至 1 个月之间。妊娠期可长达 14 个月，幼崽出生后需跟随母亲生活 2 年。幼崽出生时就有臼齿和前臼齿，用于咀嚼水草，同时它们也继续摄入母乳。佛罗里达海牛还以小型无脊椎动物和鱼类为食。它们的尾部扁平呈铲状。

Trichechus inunguis
南美海牛

体长：2.8 米
体重：480 千克
社会单位：群居
保护状况：易危
分布范围：亚马孙流域

季节性饮食
南美海牛在雨季进食洪水区长出的幼芽。

南美海牛是海牛目中体形最小的物种，且鳍上无甲片。它们一生中大部分时光在水中度过。南美海牛的妊娠期约为 1 年，母亲可将幼崽驮在背上。到了旱季，南美海牛可能数周不进食。

啮齿目

啮齿目动物是世界上数量最多的哺乳动物，占哺乳动物的 40％。其中共有 2200 多个物种分布在世界各地（除南极洲外）。啮齿目动物体形、栖息地和行为各异，但它们的牙齿都让它们拥有惊人的啃食能力，这是其他脊椎动物望尘莫及的。

什么是啮齿目

在所有的哺乳动物中，40%以上为啮齿目动物，但它们的体形各不相同：如侏儒仓鼠的体重就只有5克，而水豚则可重达70千克。在啮齿目中，有些物种生活在水中，有些生活在地下，还有些则在树木之间跳来跳去。但除却上述差异外，啮齿目动物还有一些共同点：它们都有两对坚硬的切齿用于咬食。人类将啮齿目动物带到世界各地，目前除南极洲外，世界各地都有它们的踪影。

| 门：脊索动物门 |
| 纲：哺乳纲 |
| 目：啮齿目 |
| 科：33 |
| 种：2277 |

一般特征

啮齿目是哺乳纲中最大的一目，有超过2200个物种，占到哺乳纲的40%以上。它们之间差别很大：有松鼠、老鼠、河狸、睡鼠、旱獭、豪猪、豚鼠、兔鼠、毛丝鼠、仓鼠等许多物种。

除南极洲外，啮齿目在世界各地均有分布。其中新西兰和一些大洋岛屿上的啮齿目并非原生，而是由人类带去的。

啮齿目中的一些物种生活在地下，还有的生活在高地上，有的喜欢攀爬树木，还有一些在水中度过一天中的大半时光……至于松鼠可就更大胆了，它们张开四肢间的皮翼，可以在空中滑翔。

解剖结构

啮齿目中各物种的体形和重量各不相同：如侏儒仓鼠的体重约5克，而水豚则长逾1米，重量可达70千克。啮

齿目动物都身形紧凑，四肢较短。其他外形特征则因物种和栖息地的不同而各不相同，如生活在沙漠的啮齿目动物（如更格卢鼠）的后肢和尾巴通常较长，以适应在沙地上行动。而生活环境与水相关的啮齿目动物（如水豚和河狸）的足部则呈掌状且尾短，以便游泳。

大多数啮齿目动物会挖一个深达几米的洞穴，其中有通道、房室和居室，不同的洞穴间也可相互打通。因此这些啮齿目动物的四肢必须有力而紧凑，这样才能出色地完成挖掘任务。

在咀嚼过程中，啮齿目动物使用的主要肌肉为咬肌，根据不同的使用方式，咬肌可分为若干个肌肉群。有些物种颊内有腔，称为颊囊，可用于存储和运输食物。如冈比亚鼠可将洞穴的特殊房室中储存的几十千克的食物置于颊囊中以备过冬。

水豚
水豚是世界上体形最大的啮齿目动物，可重达70千克。它们是游泳"高手"，有的时候就生活在水中。

分类

啮齿目

松鼠、草原犬鼠、旱獭及其近亲
亚目：松鼠形亚目　　科：3　种：347

豪猪、毛丝鼠及其近亲
亚目：豪猪亚目　　科：18　种：290

河狸、更格卢鼠及其近亲
亚目：河狸亚目　　科：3　种：62

老鼠、跳鼠、旅鼠、仓鼠及其近亲
亚目：鼠形亚目　　科：7　种：1569

鳞尾松鼠、跳兔
亚目：鳞尾松鼠亚目　　科：2　种：9

行为

　　啮齿目中各物种的生态学也各不相同。所有啮齿目动物均为草食动物，但有些也吃昆虫和小型无脊椎动物。与人类共同生活的啮齿目动物，如黑鼠和褐鼠，可以进食任何食物，因此可以适应各种生活环境。

　　野生的啮齿目动物由于冬季缺乏食物，有些（如睡鼠）会进入冬眠，将新陈代谢水平降至最低。还有一些啮齿目动物生活在热带地区，它们在炎热干燥的季节会进入睡眠状态，以抵御严酷的气候条件。大多数啮齿目动物在黎明或夜晚活动。

　　它们繁殖速度很快，因为雌性在生产几小时后即可再度进入受孕期。

　　有些啮齿目动物，如仓鼠，在受孕2周即可分娩；但一种大型仓鼠（长尾豚鼠）的妊娠期则与人类的妊娠期相仿，即9个月。

　　啮齿目中各物种的繁殖行为各不相同，有些实行一夫一妻制，如刺鼠，有些实行一夫多妻制或一妻多夫制。

　　裸鼹鼠的情况特殊：它们是唯一"完全社会性"的哺乳动物，在野生动物中拥有最高级的组织，它们会分享蜜蜂和蚂蚁。这种鼹鼠中有一只"鼠后"，身后跟着几只雄性，其他个体就只能在等级制度中屈居低位。有的雌性需负责照顾幼崽，而有的雄性则要修缮洞穴、外出觅食。

　　啮齿目动物中的物种如此之多，以至于各物种的社会行为也各不相同。一些物种喜独居，如豪猪，它们只有在求偶和繁殖期才会与配偶接触。另一些则聚成一大群，如水豚和兔鼠；其中兔鼠不仅和同类交往，甚至与其他物种同居。

牙齿

　　啮齿目中各物种虽然体形和生态特征各不相同，但都具有用于咬食的牙齿。它们只有一对上切齿和一对下切齿，然后是一颗或多颗前臼齿和臼齿间留有的空隙（牙间隙）。牙齿的特殊位置使得它们即使在闭口时也能咬东西，以免食物以外的其他物体进入颊囊。切齿无牙根，是慢慢长成的。啮齿目动物都没有犬齿。切齿的前表面和侧表面有釉质覆盖，而后表面则无。

　　啮齿目动物在咬食时，上切齿和下切齿的接触会消耗最柔软的牙质，让切齿的边缘变得像刀刃一样锋利。因此，啮齿目动物用它们的牙齿进食、挖掘洞穴并自卫。

　　并不是只有啮齿目动物才有一对主要的切齿且旁边有较长的空隙（牙间隙），其他现代哺乳动物也具备这一特征，如袋熊、蹄兔、指猴和兔形目动物。然而啮齿目动物的牙齿非常独特，与脊椎动物中的其他物种不同。

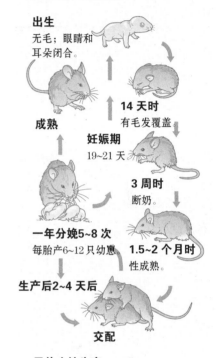

庞大的家庭

啮齿目中许多物种都以其极强大的繁殖能力著称。一只雌性啮齿目动物一年可分娩多次，妊娠期极短且每胎可产多只幼崽。幼崽需要和父母共同生活，因为它们刚出生时通常通体无毛，且无自卫能力。但它们的生长速度很快，几周或几个月后即可性成熟。

出生
无毛；眼睛和耳朵闭合。

成熟

14 天时
有毛发覆盖。

妊娠期
19~21 天

3 周时
断奶。

一年分娩5~8 次
每胎产6~12 只幼崽

1.5~2 个月时
性成熟。

生产后2~4 天后

交配

无休止地生产

小家鼠的生殖周期是高繁殖率的有力例证：2 个月大时即可交配，3 周后分娩。分娩72 小时后又可再次交配，3 周后再次分娩（平均每胎可产7只幼崽，也可多达20 只）。

为了更好地咬食

　　所有啮齿目动物都有专门用于咬食的牙齿。上下颚中各有2颗锋利的切齿，这4颗切齿在不断地生长。切齿边有空间或间隙、前臼齿（一般为2颗）和臼齿（上颌两侧各有3颗）。

作用方式
啮齿目动物在咬食时可保持嘴部闭合。

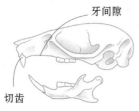

牙间隙

前臼齿和臼齿

切齿

臼齿和前臼齿
啮齿目动物的牙间隙旁边长有臼齿和前臼齿，具体数目各不相同。

有专门用途的牙齿
啮齿目动物都有4颗锋利的切齿，上下颚各有2颗。

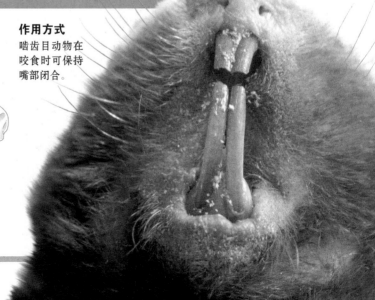

睡鼠、松鼠及其近亲

| 门：脊索动物门 |
| 纲：哺乳纲 |
| 目：啮齿目 |
| 亚目：松鼠形亚目 |
| 科：3 |
| 种：347 |

旱獭、松鼠和睡鼠构成了啮齿目下的一个亚目，它们有着类似的攀缘、跳跃、挖掘或睡觉的特征。有些物种，如松鼠，既可生活在陆地上，又可生活在树上，它们有"飞翔"的能力，因而分布极为广泛。而另外一些物种的栖息地则相对有限，如山河狸就只生活在美国的太平洋沿岸。

Sciurus carolinensis

灰松鼠

体长：38~52.5 厘米
尾长：15~25 厘米
体重：338~450 克
社会单位：群居
保护状况：无危
分布范围：美国东海岸及加拿大南部（原生）。后引入墨西哥、欧洲和南非

灰松鼠为树栖动物，生活在城市和郊区的树林中，喜欢栖居在长满核桃树、栎树和松柏的树林，也能适应城市里的公园。灰松鼠已被国际自然保护联盟列入全球 100 种最具破坏力的入侵物种名单。

灰松鼠以各类种子、果实、菌类、花朵和树木嫩枝（如美洲核桃树、栎树或欧栗树）、小型脊椎动物和昆虫为食。它们用两颊中的腔（即颊囊）搬运食物。东美松鼠的前爪有 4 趾，其中拇指可以轻易地抓取食物并剥壳。它们的爪子可以抓住树干，从而飞快地上下。它们在早晨和黄昏较为活跃，其中雄性在寒冷的时候较为清醒，而雌性则在炎热的天气中更清醒。灰松鼠会为越冬储存食物，然后穴居多日以躲避严寒。它们一般用树叶在高处的树洞中筑巢。

巢穴保持干燥，宽可达 25 厘米，深可达 50 厘米，洞口直径约为 8 厘米。

灰松鼠没有固定的性伴侣。雌性的妊娠期为 44 天，一年分娩 2 次，每胎一般可产 2~4 只幼崽，最多可达 8 只。它们通过声音和尾巴的动作进行交流。

在树木间跳跃
灰松鼠用脚发力，弹跳距离可达 10 米

Aplodontia rufa

山河狸

体长：30~47 厘米
尾长：1~4 厘米
体重：0.5~1.1 千克
社会单位：群居
保护状况：无危
分布范围：美国西北部太平洋沿岸

山河狸栖居在山林的枯叶丛中，喜潮湿环境。它们生活的土壤环境适合筑巢：用短小的前爪挖出又长又复杂的通道，再以树叶掩盖，作为巢穴。山河狸不喜社交，通常在巢穴附近活动。它们的妊娠期平均为 29 天，每胎可产 2~3 只幼崽。

山河狸以草、蕨类、牧草为食，在进食时会排两种粪便：一种较硬，为废物；另一种较软，可重新利用其中的营养素。

它们通过口哨声和较深沉的声音交流，视觉和听觉较差，而嗅觉和触觉却很灵敏。

Marmota
旱獭

体长：40~55 厘米
尾长：13~18 厘米
体重：4~8 千克
社会单位：群居
保护状况：无危
分布范围：欧洲阿尔卑斯山脉

多种颜色
旱獭的毛发有多种颜色：黄色、红色和深灰色。

旱獭可以生活在寒冷的气候环境中，它们的栖息地植被较少，所以不得不在多岩石甚至冰冻的地方筑巢。旱獭实行一夫一妻制，一般由 15~20 只个体聚集成一群：雄性、雌性和年轻的后代。它们的巢穴是家庭的基础，可以世代相传。旱獭为了建筑巢穴要挖 3 米深的通道，若干条地道最后汇集到一个比较大的空间，即"穴"。旱獭只在春夏进食，到了 10 月份就躲进巢穴，并用牧草和树叶掩盖洞口。它们在巢穴中过冬，每分钟只呼吸 2~3 次，到 5 月份才离开巢穴，开始繁殖。旱獭的妊娠期为 1 个多月，每胎可产 1~7 只幼崽。

Ratufa indica
印度巨松鼠

体长：25~46 厘米
尾长：20~40 厘米
体重：1.5~3 千克
社会单位：独居
保护状况：无危
分布范围：印度半岛西南部、中部和东部地区

印度巨松鼠毛发的颜色在深红色和棕色之间变化，腹部则呈白色。它们的耳朵又短又圆。

它们生活在潮湿的热带雨林地区，在树洞里和高处的树枝上筑巢，并在巢穴中分娩、照顾幼崽。印度巨松鼠很少下树，活动时一下可跳跃 6 米。它们用尾巴保持平衡，用爪子抓住树干。印度巨松鼠为独居动物，只有在繁殖期才会成双成对地出现。

印度巨松鼠以果实、草、树皮和鸟卵、昆虫为食，又小又宽的拇指可以敏捷地抓住食物。

Xerus inauris
南非地松鼠

体长：44~48 厘米
尾长：40~44 厘米
体重：420~650 克
社会单位：群居
保护状况：无危
分布范围：非洲南部

雄性南非地松鼠的体形比雌性大。它们在巢穴中生活，并于日间出来活动。它们一出巢穴就会寻找阳光，以便随后在大草原中寻找食物。到了下午温度高的时候，它们会竖起尾巴，像遮阳伞一样遮蔽直晒的阳光，到了晚上再回巢穴中去。南非地松鼠用叽叽声和嘟囔声进行交流。它们全年均可繁殖，其中繁殖高峰期在冬季。妊娠期约为 40 天，每胎一般可产 1~3 只幼崽，幼崽 150 天后即可长到成年松鼠的体形。

Sciurus vulgaris
欧亚红松鼠

体长：20~23 厘米
尾长：16~20 厘米
体重：280~400 克
社会单位：独居
保护状况：无危
分布范围：欧洲和亚洲

欧亚红松鼠生活在落叶林和松柏林中，它们栖居在年长的大树上，既能藏身，又能觅食。欧亚红松鼠在中欧极为常见，在大不列颠却被灰松鼠驱逐出境。欧亚红松鼠是古北界毛发颜色最多变的哺乳动物：头部和背部呈亮红色至黑色，腹部呈奶白色。它们的天敌众多，因此死亡率也很高，只有 25% 的幼崽能活过生命中的第一年。

Marmota flaviventris
黄腹旱獭

体长：47~70 厘米
尾长：13~22 厘米
体重：2~5 千克
社会单位：群居
保护状况：无危
分布范围：加拿大西南部和美国西部

黄腹旱獭生活在海拔 2000 米的大草原和大牧场上，周围森林环绕，甚至在海拔高达 4000 米的多岩石山上也有出没。它们在开放的山坡上筑巢，并以草覆盖洞口。巢穴中有几个小室，洞口一般会由群体中的某个成员监视。雄性的体形和体重均超过雌性。它们一般为草食动物，但也吃卵和昆虫。经过冬眠后，一入春，黄腹旱獭就开始繁殖了。

Pteromys volans
小飞鼠

体长：10~20 厘米
尾长：几乎与体长一致
体重：130 克
社会单位：群居
保护状况：无危
分布范围：斯堪的纳维亚、俄罗斯、亚洲北部、中国北部的太平洋沿岸

小飞鼠身体的周围由长满毛发的皮翼构成，被称为翅膜，连接前爪和后爪，让小飞鼠可飞行 35 米。小飞鼠喜欢栖居在年代久远的大树上，利用树洞筑巢。它们在杨树林、白桦林、冷杉林、雪松林和松树林中均有分布。它们习惯在夜间活动，到了夏季，从傍晚到夜幕降临一直很活跃；到了冬季，小飞鼠的生活节奏放缓，食量也变小了。它们主要以草为食。

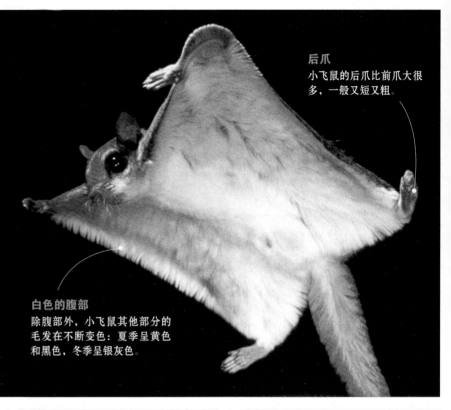

后爪
小飞鼠的后爪比前爪大很多，一般又短又粗。

白色的腹部
除腹部外，小飞鼠其他部分的毛发在不断变色：夏季呈黄色和黑色，冬季呈银灰色。

Callosciurus prevostii
丽松鼠

体长：12.7~28 厘米
尾长：7.6~25.4 厘米
体重：250 克
社会单位：独居或聚成小群
保护状况：无危
分布范围：东南亚地区

丽松鼠栖居在树上，喜日间活动，只有在觅食时才下树。它们以种子、果实、核桃、花朵和部分昆虫为食。丽松鼠是棕榈油和椰子林的心腹大患，但它们不会像其他松鼠那样囤积食物。丽松鼠的颜色很特别，背部呈亮黑色和栗红色，前半身还有一道白色的条纹。它们在树洞或用树枝和树叶筑巢，水平高超。丽松鼠经过 40 天的妊娠期后，一次可产 1~4 只幼崽。

Petaurista leucogenys
白颊鼯鼠

体长：30~58 厘米
尾长：34.5~63.5 厘米
体重：1~1.3 千克
社会单位：群居
保护状况：无危
分布范围：日本

白颊鼯鼠栖居在树上，喜夜间活动，日间则在树洞中休息。白颊鼯鼠的四肢之间有翅膜纵向覆盖，因此在夜间可在树木间飞跃。这样的飞行能力使白颊鼯鼠可在相距甚远的树枝间随意活动，且有助于觅食，它们通常以种子、树叶、松柏、果实、花朵、嫩枝和树皮为食。白颊鼯鼠实行一夫一妻制，平均一年可产 4 只幼崽，幼崽出生后会得到父母的悉心照料。白颊鼯鼠通过类似鸟鸣的声音进行交流。

Spermophilus columbianus
哥伦比亚黄鼠

体长：32.5~41 厘米
尾长：8~11.6 厘米
体重：340~812 克
社会单位：群居
保护状况：无危
分布范围：美国西部

哥伦比亚黄鼠生活在落基山上和山脚的草原上，一般 60 个个体组成一个群体。它们生活在地面上，但也会爬树觅食。哥伦比亚黄鼠的饮食与家畜类似，以牧草和谷物为主，因此被视作农牧业的威胁，经常会被牧人毒死，以此减少其数量。人们对哥伦比亚黄鼠忌惮三分，因为它们还是淋巴腺鼠疫和黑麻疹的宿主，甚至可能引发圣路易斯易脑炎。哥伦比亚黄鼠生命中 70% 的时光都在冬眠中度过。

Tamias striatus
东部花栗鼠

体长: 21.5~28.5 厘米
尾长: 20~25 厘米
体重: 80~150 克
社会单位: 独居
保护状况: 无危
分布范围: 美国东部、加拿大东南部

东部花栗鼠的颜色非常特别,脸上有 3 道黑条纹和两道白条纹,背部有 5 道棕边黑条纹,而尾部的颜色比身体的颜色更深。东部花栗鼠生活在草木丛及树木和岩石较多的山坡上,以种子、坚果、水果、菌类和昆虫为食。它们在杂草间觅食,并把食物储存在颊囊中(两颊内的一个腔)。与其他松鼠不同的是,东部花栗鼠并没有固定的冬眠时间,只会在白天昏睡一段时间,期间活动率、体温和新陈代谢率都会降低。因此在冬季来临前,东部花栗鼠不会摄入过多的食物,只会把食物储备运送至巢穴中,再定期到固定地点觅食。

除求偶期外,东部花栗鼠一般独居。虽然它们也会爬树,但一般还是生活在地下,它们也很擅长修建地下的巢穴,为此要挖多条 6 米多深的地下通道。由于东部花栗鼠的天敌众多(蛇、游隼、狐狸和猫),它们必须要隐藏好洞穴的入口,因此东部花栗鼠会把挖掘产生的废料存储在颊囊中,以尽量减少留下的痕迹。它们的巢穴通常有多个入口,被它们用树叶、石块和任何其他有助于隐藏的材料覆盖。

与其他物种不同的是,东部花栗鼠一年有 2 次繁殖期:一次从 2 月开始,另一次从 6 月开始。它们的妊娠期为 31 天,每胎可产 4~5 只幼崽,幼崽 6 周后方可离开洞穴。

相互尖叫
东部花栗鼠通过发出类似鸟鸣的尖叫声进行交流,它们的听觉十分发达。

不一样的四肢
与其他松鼠不同,东部花栗鼠的前爪有 4 趾,而后爪有 5 趾。

身形大小
东部花栗鼠是所有条纹松鼠中体形最大的。

Cynomys ludovicianus
黑尾土拨鼠

体长: 35.2~41.5 厘米
尾长: 7~10 厘米
体重: 0.705~1.65 千克
社会单位: 群居
保护状况: 无危
分布范围: 北美大平原

黑尾土拨鼠生活在大草原、峡谷和地势较低的河口平原处。它们的尾巴很有特色,上面有黑色条纹,因此得名黑尾土拨鼠。雄性的体形和体重均大于雌性,与多只雌性交配,而雌性一年中仅有一天可受孕。如果在这一天未能受孕,则会进入长达 13 天的月经期。黑尾土拨鼠是松鼠科中最喜社交的一种,它们会用 12 种声音进行交流,通常上百只组成一群。最大的黑尾土拨鼠群在得克萨斯,那里 6.5 万平方千米的土地上聚集了 4 亿只黑尾土拨鼠。

Tamias minimus
花栗鼠

体长: 18.5~22.2 厘米
尾长: 18~23 厘米
体重: 45~53 克
社会单位: 独居
保护状况: 无危
分布范围: 北美洲,北美大平原除外

花栗鼠是花鼠属中体形最小的,常在北方的松柏林和大草原及其他开放区域中出没,擅长攀缘。花栗鼠夏季会在树洞中筑巢,冬季则生活在地下的巢穴中。花栗鼠喜独居,只有在繁殖期会寻找伴侣共同生活。它们发出各种声音进行交流。花栗鼠通常在日间活动,以种子、果实、花朵、菌类、昆虫以及一些小鸟和哺乳动物为食。花栗鼠从不冬眠。它们一年分娩 1 次(每胎可产 5~6 只幼崽)。和其他松鼠一样,它们在运送或进食种子时可帮助种子传播。

Eliomys quercinus
园睡鼠

体长：19~31 厘米
尾长：9~13 厘米
体重：45~140 克
社会单位：群居
保护状况：濒危
分布范围：欧洲、亚洲和非洲北部

　　园睡鼠可生活在松柏林、落叶林和混合林中，有时也在菜园和花园中出没。与其他睡鼠相比，它们较少在树上生活，反而偏爱藏身于多岩石的地域、墙缝和人类的居所。园睡鼠喜夜间活动，冬眠时间长达 6 个月。它们在春夏进食，在开始冬眠期前体形会增加数倍。它们在白天也可进入睡眠状态。园睡鼠通过声音和各种接触来进行交流。

Dryomys nitedula
林睡鼠

体长：8~13 厘米
尾长：6~11 厘米
体重：18~34 克
社会单位：群居
保护状况：无危
分布范围：欧洲、安纳托利亚和中亚地区

　　林睡鼠生活在茂密的落叶林或混合林中，在海拔高达 3500 米的草木丛和山丘上也有分布。它们通常在高度 1~7 米之间的树枝上筑巢。幼崽生活的巢穴非常牢固，而成年林睡鼠栖居的巢穴则相对脆弱。林睡鼠一年可分娩 2~3 次。它们非常擅长攀缘和跳跃。林睡鼠的外表与松鼠类似。它们通常在夜间活动，每年冬眠的时间长达数月，白天也会陷入睡眠。

Glis glis
睡鼠

体长：14~20 厘米
尾长：11~19 厘米
体重：70~250 克
社会单位：群居
保护状况：无危
分布范围：法国至西班牙北部、伏尔加河至伊朗北部

　　睡鼠在地势低的地方和山地均有分布。它们具有卓越的攀缘和跳跃能力，从而可在高处灵活行动，白天就躲在树洞中。睡鼠一般以草为食，但也吃昆虫和雏鸟。它们眼圈周围的毛发为暗色。在夏末，睡鼠会在地下几米处挖掘藏身之处准备过冬，有时栖息地就安置在其他物种的栖息地旁边。一旦受到干扰，它们会立即做出反应。

Muscardinus avellanarius
榛睡鼠

体长：11~16 厘米
尾长：可达 13 厘米
体重：15~30 克
社会单位：群居
保护状况：无危
分布范围：欧洲和安纳托利亚地区

　　榛睡鼠是欧洲睡鼠中体形最小的。它们在夜间活动，不停地攀爬树木以寻觅食物。榛睡鼠主要以草为食，它们吃树叶（尤其是桦树叶）、树皮、核桃、栗子和橡子。榛睡鼠用黏性唾液粘住树枝、树叶、羽毛、草和毛发，并用这些材料建筑一个球形的巢穴，或是直接霸占一个鸟巢，然后在巢中蜗居数月。当气温降至 16 摄氏度以下时，榛睡鼠就开始冬眠，冬眠时间长达 6 个月。它们在冬眠前积累足够的脂肪，在冬眠期会被消耗掉 50％。

体温
榛睡鼠的体温一般在 34~36 摄氏度之间变化，而在冬眠期体温会降至 1 摄氏度。

河狸及其近亲

门：	脊索动物门
纲：	哺乳纲
目：	啮齿目
亚目：	河狸亚目
科：	3
种：	62

这类啮齿目中包括3科：河狸科、囊鼠科和更格卢鼠科。彼此之间特征迥异，其中河狸科和囊鼠科为水生生物，体形巨大且生活在北美、欧洲和亚洲；囊鼠科擅长挖洞，外形与鼹鼠相似；更格卢鼠科的后足巨大，利于弹跳。

Geomys bursarius
平原囊鼠

体长：18~36 厘米
尾长：5~10 厘米
体重：300~450 克
社会单位：独居
保护状况：无危
分布范围：美国西部和墨西哥北部

平原囊鼠喜欢在多沙和裂缝的地下较深处活动。其中雄性的数量较少，而雌性数量相对较多，在交配期不得不相互竞争。平原囊鼠一年可分娩多次，幼崽3个月后性成熟。平原囊鼠以新鲜的植物根部、果实和块茎为食，很少饮水，它们可从食物中获取所需水分。它们在日间和夜间都很活跃。

巢穴
平原囊鼠夏季在地表活动，而冬季活动范围在地下较深处。

Zygogeomys trichopus
裸尾囊鼠

体长：32~34 厘米
尾长：10~12 厘米
体重：280~530 克
社会单位：群居
保护状况：濒危
分布范围：墨西哥中部

裸尾囊鼠是裸尾囊鼠属唯一的物种。它们的毛色很深，眼睛很小，尾部裸露，爪子的上半部分有毛发覆盖。

裸尾囊鼠在地下2米深处构建巢穴，在地表处无入口。在构建巢穴时，它们会在洞口附近留下一座2米高的土丘。它们喜欢生活在树林、农田和山地，栖息地的最高海拔可达2200米。

Castor fiber
欧亚河狸

体长：73~135 厘米
尾长：25~37 厘米
体重：13~35 千克
社会单位：群居
保护状况：无危
分布范围：欧洲和亚洲

欧亚河狸是欧洲最大的啮齿目动物。它们适应了两栖生活，栖居在水流平缓的流域的岸边，那里有茂密的低矮植被覆盖。欧亚河狸擅长游泳和潜水，它们的毛发防水，后足很宽且趾间有蹼。

欧亚河狸以树叶和树皮为食，同样也用树叶和树皮构建巢穴，其出入口均在水下。欧亚河狸能像人类用手一样灵活地使用前爪，并用尖利的爪子扯断树枝，再用树枝构建堤坝。欧亚河狸在夜间活动，冬季虽然储存食物，却不像其他啮齿目动物那样会冬眠。

欧亚河狸实行一夫一妻制，一年分娩1次，平均每胎可产3只幼崽。它们用不同姿势和尾部动作交流，到了繁殖期则用标记给配偶留下信息。

起保护作用的毛发
内部毛发很细，而外层则厚且硬。

Castor canadensis

美洲河狸

体长：60~80 厘米
尾长：25~45 厘米
体重：12~25 千克
社会单位：群居
保护状况：无危
分布范围：北美洲

灵活的手
前肢可握住待咬食的树干或树枝。

美洲河狸的毛发很长，一般为红棕色，但有时也会呈黄色或黑色。它们的毛发有助于保持体温，在冰水中也能抵御严寒。美洲河狸游泳时耳鼻中会形成膜，嘴唇会在切齿后闭拢，不妨碍切齿咬食。而眼睛中透明的第三眼睑使其可在潜水时视物。

饮食

美洲河狸以树叶、小树枝和树皮为食。它们也会咬食树干直至咬断，然后再食取其中的嫩枝。

行为和繁殖

美洲河狸实行一夫一妻制，但如果一方死亡，另一方会重新寻找配偶。在繁殖的春季到来前，一对河狸伴侣会离开原来的团体独自生活。美洲河狸的妊娠期为 107 天，每胎可产 3~4 只幼崽。

适应游泳
小美洲河狸出生 24 小时后即会用肢体拍水游泳，此后大部分时间均在水中度过。

建筑专家

美洲河狸会竖起一块堤坝来确定水位，然后圈出一片水塘，深度要足够建筑巢穴。它们的巢穴有两个入口、水下隧道和一个泥木结构，巢穴能为美洲河狸提供热量和保护。这一习性对环境可谓一把双刃剑：一方面为多种物种提供了丰富的水中栖息地；另一方面，会阻碍疏浚，从而引发洪水。

2.4 米
美洲河狸的巢穴的平均宽度，其高度一般为 1 米。

尾部和腺性分泌

美洲河狸的大尾巴有两个功能：用于交流（如出现危险，可在水中晃动尾巴来提醒配偶），作为脂肪储存器官。此外，尾巴的基部还有腺体，其分泌物可用释放出的特殊气味来圈定领地。

覆满黑色鳞片

又宽又平

精细的藏身之处

结构复杂的巢穴可保护美洲河狸不受天敌（狼、猞猁和熊）和寒冷天气的侵袭。它们可在堤坝后的岛屿上、池塘岸边或湖泊及河流的岸边建筑巢穴。美洲河狸也会不断修缮和优化它们的住所。

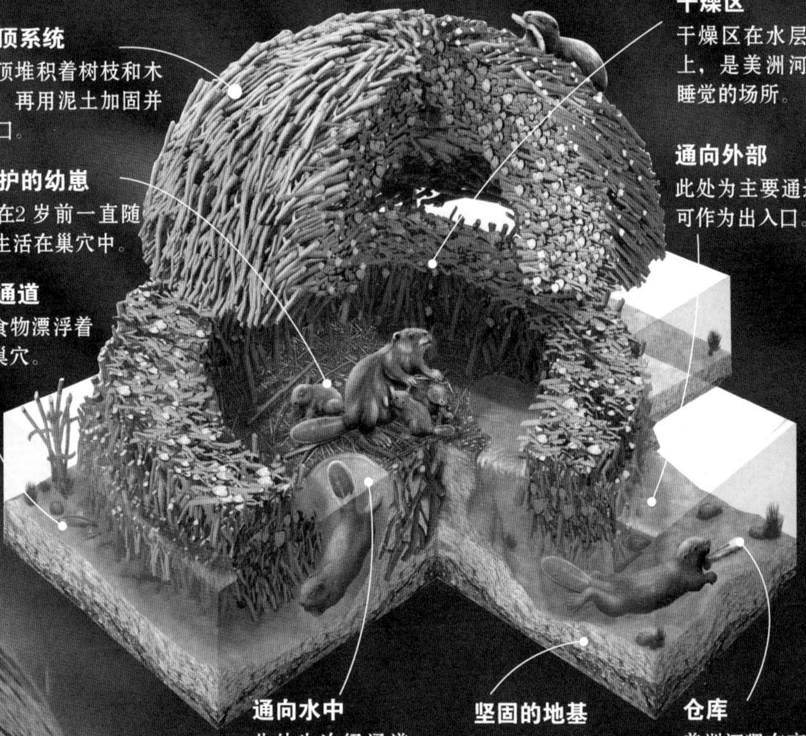

屋顶系统
屋顶堆积着树枝和木棍，再用泥土加固并封口。

被保护的幼崽
幼崽在2岁前一直随父母生活在巢穴中。

食物通道
允许食物漂浮着进入巢穴。

干燥区
干燥区在水层以上，是美洲河狸睡觉的场所。

通向外部
此处为主要通道，可作为出入口。

通向水中
此处为次级通道，美洲河狸可经由此处潜入水中。

坚固的地基
由树皮、牧草和木头碎屑覆盖的土地。

仓库
美洲河狸在夜间活动，并收集树枝以备冬季之需。

水流控制

美洲河狸用泥土、岩石和树枝修建堤坝，从而控制巢穴周围的水量。在平缓的水流中呈竖直状，而在湍急的水流中则呈弯曲状，这样的调整是为了增强稳固性。

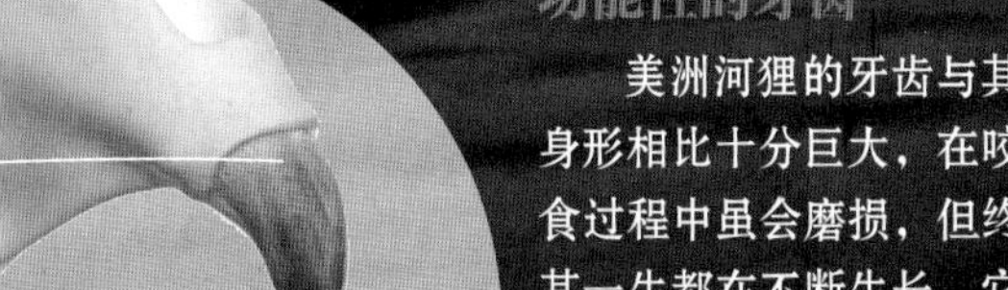

水下入口

堤坝

干燥区

水位

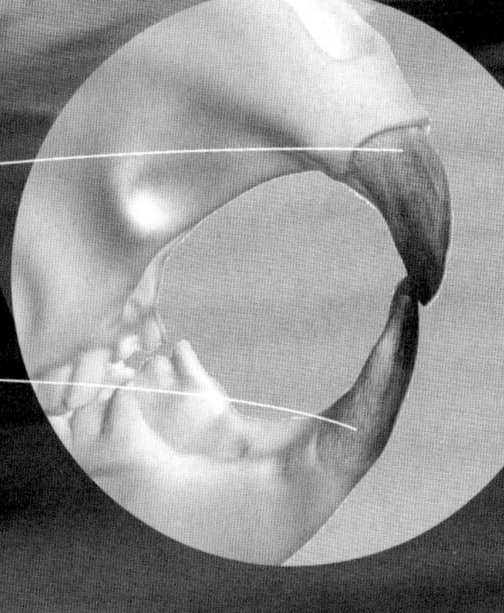

650 米

据载，至目前为止美洲河狸建造的最长堤坝的长度。

上切齿
上切齿宽至少为5毫米，长至少为20毫米。

便于咬食
牙齿的形状便于切入树干、啃食树皮。

功能性的牙齿

美洲河狸的牙齿与其身形相比十分巨大，在咬食过程中虽会磨损，但终其一生都在不断生长。它们的头骨大且坚硬，便于切入并咬断硬木，可啃食枫树和桦树。美洲河狸牙齿的进化为其生存做出了杰出贡献。

Thomomys bottae
波氏囊鼠

体长：11~30 厘米
尾长：4~9.5 厘米
体重：115 克
社会单位：独居
保护状况：无危
分布范围：美国西部和墨西哥北部

波氏囊鼠的分布十分广泛，从沙漠荆棘至松柏林再到农田均可见其踪迹，但在农田中被视作灾害。雄性的体积比雌性大，它们的身体结实且浑圆，四肢有力。它们一生中大部分时间都在挖洞，洞穴位于地下 1~3 米处，80% 的时间都是在洞穴中度过的。波氏囊鼠的巢穴通常有多条通道，都通向中央区域，这里是它们储存食物和筑巢的地方。波氏囊鼠并不冬眠，下午比夜间更活跃。它们以树枝、鳞茎、块茎和树叶为食。

Dipodomys deserti
沙漠更格卢鼠

体长：33~34 厘米
尾长：19~20 厘米
体重：83~148 克
社会单位：独居
保护状况：无危
分布范围：北美洲西南部的旱地

沙漠更格卢鼠是草食动物，栖居在海拔在 60~1700 米之间的移动沙丘上。肉眼即可通过体形大小区分雄性和雌性：雄性更长、更重。由于栖息地没有较大的地理屏障，沙漠更格卢鼠的外形大同小异。它们是独居动物，喜夜间行动。除雌性会和幼崽共同生活外，一般一个巢穴中只有一只沙漠更格卢鼠居住。它们的进攻性极强，即使是配偶接近领地都可能被驱逐出去。沙漠更格卢鼠会用沙子洗澡，以确保皮毛清洁无油脂。

Dipodomys californicus
加州更格卢鼠

体长：26~34 厘米
尾长：15~21 厘米
体重：80 克
社会单位：独居
保护状况：无危
分布范围：美国西南部

加州更格卢鼠得名于可用后足站立的能力。它们的后足极长，位置与两足动物类似，可通过近距离跳跃进行移动；前足则相对较短。雄性的体形大于雌性。加州更格卢鼠脸宽，毛深，尾巴末端有白色毛饰。它们喜欢生活在牧草丰盛的开放区域和草木丛中，但也能适应沙漠生活。沙漠地区降水少、排水快，正好利于加州更格卢鼠构建巢穴。加州更格卢鼠用粉尘洗澡，可去除皮肤上的脏物和油脂。它们喜欢在夜间活动，可躲开白天的灼灼烈日，享受夜间的湿润。加州更格卢鼠以种子、茎、花朵和昆虫为食，可长时间不饮水，仅依赖食物中的水分存活。为了繁殖，它们可以暂时接近其他同类。它们的交流系统十分复杂，主要是用肢体拍击地面，以吸引同伴的注意。

加州更格卢鼠一年可产 3 只幼崽，幼崽在能自主觅食前都生活在巢穴中。它们为独居动物，领地意识很强。

门：	脊索动物门
纲：	哺乳纲
目：	啮齿目
亚目：	鳞尾松鼠亚目
科：	2
种：	9

鳞尾松鼠

鳞尾松鼠生活在撒哈拉以南的非洲地区，已经适应了干燥多沙的环境。鳞尾松鼠不会飞，但弹跳力很强。

Pedetes capensis
跳兔

体长：35~45 厘米
尾长：37~48 厘米
体重：3~4 千克
社会单位：独居
保护状况：无危
分布范围：刚果南部、肯尼亚和南非

跳兔喜欢在干燥多沙的土地上生活。它们的外形酷似袋鼠，后足长而前足小。虽然名为跳兔，却与兔子无亲缘关系。跳兔的脖子虽细，肌肉却很发达，足以支撑它们短小的头颅。头上长着一对大眼睛，尾部很长，末端呈黑色。

跳兔一年四季均可受孕，一般每胎可产 1 只幼崽。它们的藏身之处有多个入口，可从内部封闭。跳兔为草食动物。

老鼠及其近亲

门：	脊索动物门
纲：	哺乳纲
目：	啮齿目
亚目：	鼠形亚目
科：	7
种：	1569

鼠形亚目是啮齿目中物种最丰富的亚目，目下各物种体形和习性各异。比如旅鼠属生活在极地冻原，而冈比亚巨鼠生活在非洲的沙漠平原。沙鼠跳跃着前进，而有些则是游泳"高手"。此外，平原鼠和黑鼠也属于鼠形亚目，它们是最擅长与人类共存的物种。

Jaculus jaculus
非洲跳鼠

体长：9.5~11 厘米
尾长：12.8~25 厘米
体重：43~73 克
社会单位：独居
保护状况：无危
分布范围：非洲北部和阿拉伯地区

非洲跳鼠喜欢生活在沙漠和半沙漠地区，有时也在多岩石的山谷和大草原上出没。它们的姿势和运动方式均酷似小袋鼠。静止不动时，它们的尾巴弯曲着支撑身体。非洲跳鼠的趾上有毛，利于在沙地上行走，长长的尾巴可保持平衡。它们的眼睛和耳朵都很大。非洲跳鼠在夜间活动和觅食，不喜社交，以树根、嫩芽、种子和树叶为食，觅食范围可达 10 千米，从食物中即可摄取所需水分。

雌性比雄性稍大，一年至少分娩 2 次，平均每胎可产 3 只幼崽。一只雄性可与多只雌性交配，而雌性的性伴侣却是唯一的。雌性会在巢穴里悉心照料自己的幼崽，直至 8 周后它们发育成熟。非洲跳鼠在沙地里挖洞作为藏身之处，洞深 1 米有余，呈逆时针螺旋形。它们也会挖洞用来洗澡。

纤长的四肢
非洲跳鼠的后足可长达 5~7.5 厘米。

Sicista betulina
北部蹶鼠

体长：5~7 厘米
尾长：6.7~11 厘米
体重：30 克
社会单位：群居
保护状况：无危
分布范围：欧洲北部和亚洲中部

北部蹶鼠的分布广泛，从北方树林到山地，从大草原到极地冻原都可见到它们的身影。因其背部有黑色条纹，又名"北方条纹鼠"。北部蹶鼠在夜间活动，爬树时尾巴可助其保持平衡。在夏季，它们喜欢生活在植被丰富、气候湿润的地方；冬季它们则会重回丛林，每年在丛林的地下巢穴中至少冬眠 6 个月。春夏之交，雌性会产下 3~10 只幼崽。

Notomys mitchellii
米氏弹鼠

体长：9~16 厘米
尾长：15 厘米
体重：40~60 克
社会单位：群居
保护状况：无危
分布范围：澳大利亚

与非洲跳鼠一样，米氏弹鼠的后足很大。它们日间藏身于纵向的巢穴中，巢穴很深，有几条隧道彼此相连，可容纳 10 只米氏弹鼠。尽管它们的生理功能已能适应干旱地域的生活，肾也能集中尿液，从而减少水分流失，但是它们还是比生活在沙漠上的同属的其他物种更依赖水分的摄入。

Mystromys albicaudatus
马岛白尾鼠

体长：20~24 厘米
尾长：5~8 厘米
体重：75~96 克
社会单位：独居
保护状况：濒危
分布范围：南非和莱索托

马岛白尾鼠生活在大草原、牧草丰盛的地域或半沙漠地区，藏身于巢穴（有时会占用狐獴的巢穴）和地面裂缝中。它们的尾部和腹部均呈白色，外形与仓鼠类似。马岛白尾鼠通常在夜间活动，下雨天尤其活跃。它们以植物和昆虫为食，主要的天敌为猫头鹰。

马岛白尾鼠不喜社交，实行一夫一妻制，雌性和雄性会共同承担照看幼崽的任务。由于雌性只有 4 条乳腺，所以如果多于 4 只幼崽，将会轮流把其中一只赶出窝，以确保所有幼崽都能平均分得乳汁。

由于马岛白尾鼠 80% 的栖息地已被改变，如不采取紧急保护措施，仅存的栖息地也将在 10 年内消失一半，因此马岛白尾鼠正面临着灭绝的危险。

Cricetomys gambianus
非洲巨鼠

体长：25~45 厘米
尾长：35~45 厘米
体重：1~1.47 千克
社会单位：雄性喜独居，雌性喜群居
保护状况：无危
分布范围：非洲中部，从冈比亚至肯尼亚和莫桑比克

狭窄的头部
非洲巨鼠的外形特征在于其小小的眼睛和巨大的颊囊。

非洲巨鼠生活在热带雨林、树林、耕地、农场和农村地区。它们一般生活在陆地上，但也是爬树和游泳"高手"。雌性并无规律的经期，主要取决于月经的次数以及是否有雄性相伴。

非洲巨鼠每年产 9 只幼崽，雌性为了保护幼崽会变得极具攻击性。非洲巨鼠虽然生活在热带地区，却受不了高温，因此它们日间躲在巢穴中，晚上才出来觅食（果实、块茎、树根、白蚁和蛇）。由于器官中难以积聚脂肪，它们同样也忍受不了严寒。非洲巨鼠通过独特的声音进行交流。

Arvicola terrestris
水田鼠

体长：16~22 厘米
尾长：10~15 厘米
体重：150~300 克
社会单位：群居
保护状况：易危
分布范围：法国、西班牙和葡萄牙

水田鼠生活在地下，它们会挖掘较浅的椭圆形纵向通道，与幼崽的巢相连。在缺少食物的季节，它们会收集重达 10 千克的食物。水田鼠的妊娠期为 3 周，每年可分娩 2~3 次，每次可产 3~6 只幼崽。如条件允许，分布密度可达每 100 平方米 5 只，通常以家庭为单位聚居。水田鼠不进行冬眠，能很好地适应水中生活，甚至能在水中进食。

Arvicola scherman
山区水田鼠

体长：12~22 厘米
尾长：6.5~12.5 厘米
体重：70~200 克
社会单位：群居
保护状况：无危
分布范围：欧洲南部和中部的山地地区

山区水田鼠可在海拔 2400 米的法国阿尔卑斯山脉生活。有些族群生活在坎塔布连山脉西班牙和比利牛斯山脉（法国）。

山区水田鼠毛发柔软，向前突出的切齿十分锋利，以满足其爱咬食的生活习惯。山区水田鼠为陆生动物，会在地下钻出深 1 米、设计复杂的通道。它们为草食动物，在夏季吃草，冬季吃树根、鳞茎和块茎。

Microtus arvalis
普通田鼠

体长：6~11 厘米
尾长：2~5 厘米
体重：60 克
社会单位：群居
保护状况：无危
分布范围：欧洲和亚洲

普通田鼠为严格的草食动物，尤其喜食双子叶植物。它们的繁殖速度极快，只是幼崽的死亡率也很高。普通田鼠会用草木为材料构建直径为 20 厘米、深度为 20~30 厘米的球形洞穴，一般有 3~4 个通道并与其他巢穴连通。普通田鼠在白天活动，每次出洞都遵循一样的路线，并在周围的植被上留下可见的足迹。它们对某些农业区域造成了巨大灾害。

Dicrostonyx torquatus
鄂毕环颈旅鼠

体长：7~15 厘米
尾长：1~2 厘米
体重：14~112 克
社会单位：群居
保护状况：无危
分布范围：俄罗斯

　　鄂毕环颈旅鼠成群生活，它们会在觅食的道路上修建简单的巢穴，并共同使用这些巢穴储存嫩枝和果实等食物。鄂毕环颈旅鼠全天都很活跃。它们每年分娩 2~3 次，每胎可产 5~6 只幼崽。与其他同属的物种一样，鄂毕环颈旅鼠的皮毛在冬季会变为白色，以便在大雪中隐藏自己。鄂毕环颈旅鼠还是游泳"高手"，它们的皮毛可防水。

Lemmus lemmus
欧旅鼠

体长：11~15.5 厘米
尾长：1~2 厘米
体重：50~130 克
社会单位：独居
保护状况：无危
分布范围：荷兰、挪威、俄罗斯和瑞典

　　欧旅鼠在白天和夜间均有活动。它们夏季筑巢，寒冷的季节则在雪下的通道中过活。在雌性怀孕过程中，如有陌生雄性接近，雌性将会自动流产。欧旅鼠易怒且领地意识很强，用一系列叫声进行交流，也可依赖嗅觉接收信号。欧旅鼠虽为独居动物，但为了节约能量也会在冬季共用巢穴。它们为草食动物，以果实、树叶、牧草、树皮、地衣和树根为食。

Ondatra zibethicus
麝鼠

体长：41~62 厘米
尾长：20~25 厘米
体重：0.68~1.8 千克
社会单位：群居
保护状况：无危
分布范围：北美洲

　　麝鼠生活在潮湿的区域，以此处的植物为食，并用它们建造巢穴。麝鼠的身躯硕大而浑圆，棕色的皮毛有防水功效。它们扁平的尾部在游泳时发挥了极大的作用。麝鼠还可潜水 12~17 分钟，一潜入水中就会闭合耳朵和嘴唇，只有切齿还露在外面继续咬食。麝鼠定居后会组建大家庭，如果数量过多，雌性就不得不驱逐幼崽了。麝鼠会发出声音并分泌出名为"麝香"的腺性分泌物。

Dicrostonyx groenlandicus
环颈旅鼠

体长：10~15.7 厘米
尾长：1~2 厘米
体重：30~112 克
社会单位：群居
保护状况：无危
分布范围：美国阿拉斯加州、加拿大北极群岛、格陵兰岛、西伯利亚几处岛屿

　　环颈旅鼠体形小而扁圆。它们的巢穴长可达 6 米，宽可达 20 厘米，通常在炎热的季节会用牧草搭建小巢。环颈旅鼠以草、树根和果实为食。它们实行一夫一妻制，每年可分娩 2~3 次，每胎可产 1~11 只幼崽。由于天敌众多（狐狸、狼、游隼、猫头鹰等），环颈旅鼠很难存活一年以上。

　　每隔一段时间，环颈旅鼠族群的数量会大量增长，直到达到一个危险的临界点。此时它们会纷纷跳海，这在我们看来就是"集体自杀"，实际是环颈旅鼠的自我调节机制，但这一假设还没有科学依据。

有挖掘功能的爪子
环颈旅鼠在寒冷的季节会长出双爪，用来敲碎坚实的冰雪

季节变化
夏季环颈旅鼠的皮毛呈灰偏红色，冬季则完全变成白色。

Peromyscus maniculatus
鹿鼠

体长：12~22.2 厘米
尾长：5~11 厘米
体重：10~24 克
社会单位：群居
保护状况：无危
分布范围：墨西哥、美国和加拿大

鹿鼠是啮齿目在北美分布最为广泛的物种。它们一般夜间在陆地上活动，但也会爬树。鹿鼠下有 57 个亚种，呈现出两种生态型。它们的毛发又密又短且柔软，背部为棕色，腹部为白色。四足很短，尾部有两色。鹿鼠的嘴尖，耳、眼很大，耳朵上有短毛覆盖。鹿鼠为杂食动物，有时会食粪（吃自己的排泄物）。鹿鼠全年均可分娩，一般每胎可产 4~6 只幼崽。鹿鼠不冬眠，但在寒冷的日子里会陷入睡眠状态，以减少能量消耗。

保护欲极强的雌性鹿鼠
雌性鹿鼠到了繁殖期对领地的保护欲很强，甚至展现出比雄性鹿鼠更强的进攻性。

Akodon azarae
南美原鼠

体长：12~24 厘米
尾长：5~10 厘米
体重：10~45 克
社会单位：独居
保护状况：无危
分布范围：阿根廷东北部和中部偏东地区、玻利维亚、巴拉圭、乌拉圭和巴西最南端

南美原鼠的毛发柔软，背部呈橄榄偏绿色，腹部为黄色，肩和嘴呈红色。它们的肢体较短，身体浑圆。南美原鼠的体重随季节变换而变化：一般春季体重减轻，而冬季体重增加。它们喜欢生活在茂密高大的植物丛中，这样可以保护它们不受天敌的追捕。南美原鼠为陆生动物，且无冬眠期。它们以种子、果实和昆虫为食。春至秋季都是它们的繁殖期，一般一年 2 胎，每胎可产 3~4 只幼崽。由于食物储备丰富，南美原鼠最适宜在冬季怀孕。新生的幼崽重约 2.2 克，哺乳期约为 2 周。雌性负责平衡两性数量，必要时甚至会杀死自己的幼崽。

南美原鼠生活在农业生态系统中，是汉坦病毒的携带者。

Oligoryzomys longicaudatus
长尾小啸鼠

体长：6~8 厘米
尾长：11~15 厘米
体重：17~35 克
社会单位：群居或独居
保护状况：无危
分布范围：阿根廷南部和智利

长尾小啸鼠生活在海拔 2000 米以下的安第斯丘陵地带、农村地区和水流附近，主要在夜间跳跃着活动。它们以果实、菌类和小型节肢动物为食。长尾小啸鼠会利用草木丛爬树，在繁殖期爬到最低的树冠，并在那里筑巢或占据一个废弃的鸟巢。雌性几个月大时即可分娩，一年可分娩 3 次。

Mesocricetus auratus
叙利亚仓鼠

体长：13~14 厘米
尾长：1~1.5 厘米
体重：100~125 克
社会单位：独居
保护状况：易危
分布范围：土耳其和叙利亚边境

野生的叙利亚仓鼠会在田边建造巢穴。它们的颊囊巨大，从两颊一直延伸到肩部，可将食物运送到藏身之处。叙利亚仓鼠的眼睛色深，耳朵呈圆形，短短的毛发颜色鲜艳，趾灵活且趾甲坚硬。它们经常用舌头清洁自己的身体。叙利亚仓鼠是妊娠期最短的胎盘哺乳动物，妊娠期只有 16 天，平均每胎可产 10 只幼崽（一年多胎）。

Mastacomys fuscus
宽齿鼠

体长：12~22 厘米
尾长：6.5~12.5 厘米
体重：70~200 克
社会单位：群居
保护状况：近危
分布范围：仅存在于澳大利亚

宽齿鼠肌肉发达，"胖脸蛋"，脸和耳朵都又宽又小，细细的毛发又长又密。它们的背部呈棕色，反射出红色的光。尾巴稍短，尾尖处打着圈，毛很稀疏。宽齿鼠排泄长且充满纤维的绿色粪便，十分特别。它们喜欢生活在雨水充沛、气候凉爽的地方。宽齿鼠为草食动物，在夏秋两季一般夜间出去觅食，而冬季的觅食时间则提早至下午。它们在夏季用植物构建起复杂的通道系统用于居住，冬季再用雪加以掩盖。巢穴温度较高，可以让宽齿鼠在寒冷的天气中相互取暖，继续活动。宽齿鼠在夏季还会在树干下用牧草筑巢，并在那里产崽。雌性最多有 4 个乳头。

Mus musculus
小家鼠

体长：6~10 厘米
尾长：6~11 厘米
体重：12~40 克
社会单位：群居
保护状况：无危
分布范围：全世界

姿势

小家鼠活动时需使用 4 足，但进食或攻击时只用 2 足。

原先小家鼠只在地中海至中国的地域有分布，但人类的活动却把它们带到了全世界。它们主要以植物为食，有时也吃肉。小家鼠擅长跳跃和攀爬，需要时也会游泳。它们奔跑时尾部水平，以保持平衡。小家鼠在黄昏和夜晚时最为活跃。

小家鼠在陆地生活，族群由一只雄性带领，配以多只雌性和幼崽。它们的视觉和听觉都很灵敏。小家鼠实行一夫多妻制，雄性在求偶期会发出超声波。它们一年四季均可受孕，每胎最多可产 14 只幼崽。小家鼠会携带多种病菌，对人类造成不利影响；小家鼠也是实验室中使用最多的动物；由于基因变化，小家鼠呈现出非常多样的特征。

Acomys cahirinus
开罗刺鼠

体长：9~13 厘米
尾长：9~12 厘米
体重：40~90 克
社会单位：群居
保护状况：无危
分布范围：非洲北部沙漠地区

开罗刺鼠的毛又短又尖，可用来防御天敌。嘴尖，耳圆且上竖，眼睛外突而明亮，尾巴扁平且有鳞。开罗刺鼠生活在多石的草原或沙漠地区，在受到人类活动影响形成的环境中也有分布，如建筑物的裂缝中。开罗刺鼠喜欢在黄昏或夜间活动，只需摄入极少的水分即可存活（可减少排尿量来存储水分）。它们主要以昆虫、蜗牛和种子为食。开罗刺鼠的族群中等级森严，通常由等级最高的雌性带领整个族群。族群中的所有成员一同休憩并互相清洁。雌性会喂养非亲生的幼崽，如藏身之处不再安全，成年鼠会帮助所有幼崽转移。幼崽初生时，灰色的毛发十分柔软，断奶后才会长出棕色的刺尖毛发，与同属的其他物种区分开来。

Microtus subterraneus
欧洲松田鼠

体长：6~15 厘米
尾长：7~14 厘米
体重：20~35 克
社会单位：群居
保护状况：无危
分布范围：除芬兰外的整个欧洲、斯堪的纳维亚半岛北部、波罗的海和俄罗斯

欧洲松田鼠主要在夜间活动，头形硕大，眼睛突出，耳朵发育完好，尾长。身体呈棕偏红色（亦称彩色鼠），胸部和腹部的颜色偏浅，近乎白色。欧洲松田鼠在海平面至海拔 3300 米之间生活。若干只欧洲松田鼠会共同建造巢穴和地道并共同生活。欧洲松田鼠的嗅觉灵敏，也是爬树和游泳"高手"。它们以果实、种子、嫩枝和茎干为食。

Micromys minutus
巢鼠

体长：5~8 厘米
尾长：5~7.5 厘米
体重：4~6 克
社会单位：独居
保护状况：无危
分布范围：古北界和东洋界

巢鼠生活在高山草原、海拔较高的牧场、沼泽、甘蔗园及潮湿的热带雨林空隙中，是鼠科中体形最小的物种。它们的眼睛和耳朵都很大，四足利于爬树，长长的尾巴也可钩住树干。背部呈栗红色，腹部呈白色。巢鼠为草食动物，但也吃昆虫和幼虫。它们虽不冬眠，但也会建造巢穴来抵御严寒。巢鼠在白天和黑夜都很活跃，每 3 小时就要进食 30 分钟，其余时间用来睡觉。

长爪沙鼠

体长：10~12 厘米
尾长：9~12 厘米
体重：52~133 克
社会单位：群居
保护状况：无危
分布范围：蒙古东南部及俄罗斯和中国周边区域

长爪沙鼠生活在大草原、沙漠和半沙漠地区，在山区并无分布。它们白天、黑夜均很活跃，而冬季则主要在日间活动。

长爪沙鼠以家庭为单位聚居，共同保卫巢穴。雌性的领地意识比雄性强。在食物短缺的季节中，整个族群会共同搜集并储存大量食物：它们会在巢穴中储存 20 千克的食物。它们的巢穴一般长 5~6 米，夏季巢的深度为 45 厘米，而冬季则可达到 150 厘米。长爪沙鼠主要以种子和草为食，但也能消化沙漠植物的果实。为了寻觅食物，长爪沙鼠可进行长达 50 千米的迁徙。

起保护作用的皮毛
经常洗沙浴，以去除皮毛上多余的油脂。

长长的尾巴
尾长相当于身体和头部的总长度，尾尖也有毛发覆盖。

蓝栉鼠

体长：21~25 厘米
尾长：6~7 厘米
体重：90~190 克
社会单位：独居
保护状况：无危
分布范围：阿根廷中部

蓝栉鼠在地下修建巢穴，且一生中大部分时光均在巢穴中度过，除繁殖期外均保持独居状态。由于蓝栉鼠会连续发出有规律的"tuc~tuc"声，因而得名"tuco tuco"。由于蓝栉鼠的领地意识很强，它们可以用这样的交流方式告知对方自己的存在，这样每只蓝栉鼠均可待在各自的地道系统中，互不干扰。此外，这种发声方式也许还能让同一族群内的各只蓝栉鼠进行空间定位。另外，雌性也可用这种发声方式告知雄性自己已做好受孕准备。幼崽大多在 10~12 月间出生，每胎可产 4~5 只幼崽。初生的幼崽在远离母亲时会发出特殊的声音，母亲闻声便可找到幼崽。为了减少水分消耗，蓝栉鼠可憋住尿液。它们的寿命为 20~22 个月。

裸鼹鼠

体长：12~22 厘米
尾长：6~13 厘米
体重：30~70 克
社会单位：群居
保护状况：无危
分布范围：索马里、埃塞俄比亚中部、肯尼亚北部和东部

裸露的皮肤
裸鼹鼠皮肤呈粉红色或半透明状。

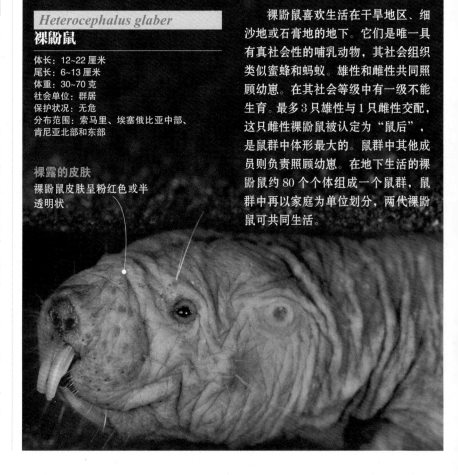

裸鼹鼠喜欢生活在干旱地区、细沙地或石膏地的地下。它们是唯一具有真社会性的哺乳动物，其社会组织类似蜜蜂和蚂蚁。雄性和雌性共同照顾幼崽。在其社会等级中有一级不能生育。最多 3 只雄性与 1 只雌性交配，这只雌性裸鼹鼠被认定为"鼠后"，是鼠群中体形最大的。鼠群中其他成员则负责照顾幼崽。在地下生活的裸鼹鼠约 80 个个体组成一个鼠群，鼠群中再以家庭为单位划分，两代裸鼹鼠可共同生活。

Rattus rattus
黑鼠

体长：16~22 厘米
尾长：20~24 厘米
体重：70~300 克
社会单位：群居
保护状况：无危
分布范围：原生于南亚，后被引入其他大陆

别具一格的特征
黑鼠嘴尖，眼、耳很大，
身形细长

　　人类的跨国旅行把黑鼠引入原生地以外的地方，因而又名船鼠。它们可在一切满足其杂食需求的地方居住。褐鼠会将黑鼠从气候温和的城市及农场驱逐出来。黑鼠的生活领地很小，不超过 100 平方米，它们一般在行走时留下油质印记，以圈定领地。黑鼠实行一夫多妻制，一个鼠群由雄鼠领导，但雌性在妊娠期和生产期也会变得进攻性很强。黑鼠擅长爬树，一般生活在高处，如农村的树上或城区的建筑物中。黑鼠一般呈黑色，腹部颜色稍浅。它们是中世纪首先传播腺鼠疫的物种。

Rattus norvegicus
褐鼠

体长：22-27 厘米
尾长：17-22 厘米
体重：350~550 克
社会单位：群居
保护状况：无危
分布范围：原生于中国，后被引入其他大陆

外形特征
褐鼠的嘴细长、眼睛和耳
朵都很小，身体结实。

　　褐鼠被认为是除人类外世界上最成功的哺乳动物。只要有人居住的地方就有它们的身影，在城市分布尤其广泛。只要对褐鼠进行选择性培育，即可用于实验室研究。

　　褐鼠的听觉和嗅觉十分灵敏，对超声波很敏感，但是视觉很差。它们通常在夜间活动，擅长游泳但不会爬树。褐鼠会挖掘很宽的地道。雌性一年可分娩 5 次，妊娠期只有 21 天，每胎最多可产 14 只幼崽，平均为 7 只。雌性会照顾幼崽，其中更偏爱年龄小的幼崽。褐鼠身上携带大量病菌：腺鼠疫、勾端螺旋体病、出血热和汉坦病毒。

豪猪、毛丝鼠及其近亲

门：	脊索动物门
纲：	哺乳纲
目：	啮齿目
亚目：	豪猪亚目
科：	18
种：	290

豪猪亚目动物是世界上最大的啮齿目动物，其中水豚可重达70千克，即使最小的田鼠也有100克。豪猪的刺很引人注目，用于防御天敌，而毛丝鼠是世界上毛发最密的物种，河狸鼠生活在水中，而阿根廷长耳豚鼠则生活在干旱的地域。

Sphiggurus mexicanus
墨西哥毛倭豪猪

体长：35~46 厘米
尾长：20~36 厘米
体重：1.5~2.5 千克
社会单位：独居
保护状况：无危
分布范围：墨西哥中部至巴拿马地峡

墨西哥毛倭豪猪可以栖居在各种热带雨林中，从平原地区至海拔 3200 米处均有分布。尾巴可以钩住树枝以适应树上的生活，尾尖无毛。墨西哥毛倭豪猪的背部和体侧均有刺，以抵御天敌。它们与其他豪猪相比体形更小、速度更慢，也更安静，只有在繁殖期才会发出声音。墨西哥毛倭豪猪一年可产 1~2 只幼崽。它们在夜间活动，白天则在树洞里或长有树叶的树枝上休息，以树根和果实为食。

Erethizon dorsatum
北美豪猪

体长：60~90 厘米
尾长：17~29 厘米
体重：5~12 千克
社会单位：独居
保护状况：无危
分布范围：加拿大、美国和墨西哥北部

北美豪猪的栖息地十分广泛，从极地冻原到落叶林再到松柏林，从沙漠到栎树丛地带，它们的身影无处不在。北美豪猪的爪子和后足很长，便于攀缘。它们的毛发呈刺状，共有 3 万根硬毛和背棘。北美豪猪在夜间活动，白天则在树上休息。它们一般独居，只有在夏秋两季觅食时会成群结队地行动，然后冬季居住在同一个巢穴中。

Coendou prehensilis
玻利维亚卷尾豪猪

体长：30~60 厘米
尾长：33~48.5 厘米
体重：1~5 千克
社会单位：独居
保护状况：无危
分布范围：委内瑞拉至阿根廷

玻利维亚卷尾豪猪是 10 种新大陆豪猪中的一种，它们生活在热带草原中，为树栖动物。夜间活动，白天则在树枝上休息。它们用声音交流，要想移动必须先从一棵树上下来再上另一棵树。

玻利维亚卷尾豪猪的妊娠期为203 天，一年只产 1 只幼崽，雌性生产后即可立刻怀孕。玻利维亚卷尾豪猪为草食动物，可在农田中觅食。

Hystrix cristata
非洲冕豪猪

体长：60~93厘米
尾长：8~17厘米
体重：10~30千克
社会单位：独居
保护状况：无危
分布范围：意大利中部和西西里、非洲北部和撒哈拉以南的非洲

坚硬的牙齿
非洲冕豪猪一共有20颗牙齿，在咬食时，切齿和前臼齿之间的空间（即牙间隙）可"放置"嘴唇。

非洲冕豪猪又称欧洲豪猪、非洲豪猪或北非豪猪。它们生活在热带雨林、山地、耕地和沙漠地带。

非洲冕豪猪浑身长满了鬃毛和刺，其中头部、颈部和背部的刺最硬，刺和趾甲上都覆盖着角蛋白油脂层。

为了自我保护，非洲冕豪猪会用足部踹敌人：先用最粗的刺"刺"敌人，如有必要再用细刺进攻，可以成功防御狮子、豹子、鬣狗和人类的进攻。

非洲冕豪猪通常独居或以小家庭为单位聚居，它们生活在有杂草的干燥土地上，尤其喜欢生活在山脚下，在人类居所附近也常有分布。非洲冕豪猪的嗅觉十分灵敏，听觉和视觉则相对较弱。

非洲冕豪猪建筑的巢穴通常代代相传，有时也会直接占用土豚或其他动物的巢穴。为了觅食，它们可以跋涉几千米，但到了寒冷季节就基本不再出巢了。非洲冕豪猪实行一夫一妻制，妊娠期为112天，每胎可产1~2只幼崽，生产后会悉心照料自己的幼崽。幼崽长到1周后毛刺变硬，即可离开巢穴；长到2~3周后即可消化硬食。非洲冕豪猪是完全的夜间动物（似乎连月亮的反射光线都要躲开）。它们不会爬树，但必要时却可以游泳。雌性对伴侣没有攻击性，对陌生动物却会火力全开。非洲冕豪猪以植物的绿色部分、树根、鳞茎、各种农作物为食，有时也吃肉。

防御策略
当非洲冕豪猪受到干扰时，会把刺棘展开呈扇形并不断晃动，让对方以为自己体形很大。

外部保护
尖利的黑色和白色刺可长达35厘米，保护着非洲冕豪猪的背部和身体两侧。

Dinomys branickii
长尾豚鼠

体长：30~79 厘米
尾长：19~21 厘米
体重：10~15 千克
社会单位：独居或与伴侣同居
保护状况：易危
分布范围：委内瑞拉、哥伦比亚、厄瓜多尔、秘鲁、巴西、玻利维亚

长尾豚鼠生活在海拔 300~3400 米之间的地域。它们的头形硕大，眼睛小，耳朵圆，视觉不佳，主要依赖灵敏的嗅觉、触觉和味觉。长尾豚鼠为草食动物，在夜间活动。它们常坐在后足上，用前足取食。它们的毛发呈棕色，背部有两条清晰的平行白线，从颈部一直延伸至足部（足和尾巴一样短）。长尾豚鼠白天躲在岩石缝中。它们的爪子强壮有力，可以轻易爬上山丘和树。长尾豚鼠通过在公共区域留下尿液和粪便进行交流。雄性在求爱期只用 2 足活动，会发出长达两分多钟的叫声。长尾豚鼠的妊娠期为 223~283 天，每胎可产 1~2 只幼崽。

Lagostomus maximus
平原兔鼠

体长：46~66 厘米
尾长：15~20 厘米
体重：2~8 千克
社会单位：群居
保护状况：无危
分布范围：巴拉圭西南部、玻利维亚北部和阿根廷中部

平原兔鼠呈现显著的性别二态性：雄性的体形为雌性的 4 倍大，且有发育完整的"髭"。它们修建的巢穴面积可达 600 平方米，入口可达 30 个。平原兔鼠采用母系氏族制，但雌性与雄性分开生活：每只雄性占据一个构造简单的洞，而 15~20 只雌性共享一个构造复杂的洞。雄性要经过竞争才能接近雌性。雌性每个生殖周期可排 200 颗卵子。

Lagidium viscacia
山绒鼠

体长：29~46.4 厘米
尾长：21~38 厘米
体重：1.5~2 千克
社会单位：群居
保护状况：无危
分布范围：秘鲁南部、玻利维亚西部和中部、智利北部和中部以及阿根廷西部

山绒鼠的外观很像兔子，生活在植被较为稀少的斜坡和山地中。它们的毛发又短又软，只有尾巴比较硬，在休息时卷起，运动时再展开。山绒鼠的后足和前足各有 4 趾。它们成群结队地生活，一个鼠群里有上百只山绒鼠，且在黎明和黄昏最为活跃。在进行社交时，它们会使用许多不同的声音。山绒鼠动作灵敏，却不擅长挖洞，因此它们很少自己在地下挖巢穴，更多栖居在岩缝中。山绒鼠不冬眠，白天找个安全的位置，一边晒着太阳，一边梳理自己的毛发或养精蓄锐。它们以草、苔藓和地衣为食，很少喝水。山绒鼠的妊娠期为 120~140 天，一般每胎产 1 只幼崽，幼崽出生时就已发育完全。

Chinchilla brevicaudata
短尾毛丝鼠

体长：30~32 厘米
尾长：10~12 厘米
体重：500~800 克
社会单位：群居
保护状况：极危
分布范围：安第斯山脉、秘鲁南部、玻利维亚、阿根廷西北部和智利北部

短尾毛丝鼠生活在海拔较高的区域、山地灌木丛和海拔在 3000~5000 米之间的大草原。它们在岩缝中筑巢。短尾毛丝鼠只在夜间成群结队地活动，以植物为食。它们每胎可产 3 只幼崽，与其他啮齿目动物不同的是，幼崽一出生即有牙齿和毛发；幼崽吸食母乳，但也可自己进食。短尾毛丝鼠脸部的两侧有胡须，长度可达 11 厘米，以便于在黑暗中活动。它们的感官非常灵敏。由于短尾毛丝鼠生活在温度差异极大的地区，它们毛发的密度和柔软度十分特殊，每个毛囊中会长至少 60 根细毛，因而它们的毛发密度是陆地动物中最大的，每平方厘米有 2 万根毛。当它们被追逐或感到恐惧时会发出臭味。

防御性的毛发

短尾毛丝鼠每个毛孔上虽长了许多毛，但是它们都长得不牢。天敌捕捉短尾毛丝鼠时通常只能抓到一爪毛，而短尾毛丝鼠却早已逃之夭夭。

Hydrochoerus hydrochaeris
水豚

体长：1.06~1.34 米
尾长：无
体重：35~70 千克
社会单位：群居
保护状况：无危
分布范围：南美洲

水豚是体形最大的啮齿目动物。它们栖水而居，如河流边的大草原或沼泽地中。水豚四肢短小，前足有 4 趾，后足有 3 趾，趾间有蹼。

雌性的体形比雄性略大。水豚实行一夫多妻制，一个群体通常由 10 只雄雌混居的水豚组成。它们在水中交配，可与同一只或多只性伴侣连续 20 多次交配。水豚每胎可产 1~7 只幼崽，一般一年只分娩 1 次。它们以陆生和水生植物为食，且食粪，早上会重新消化前一天摄入的食物。如果水豚的栖息地未受干扰，它们通常在日间活动，否则只得夜间活动。一旦遇到危险，水豚会立刻利用声音通知伴侣，然后迅速潜入水中，可潜水 5 分钟，它们是杰出的"游泳者"

人们常为了水豚的肉和皮而猎杀它们，这些都是制药业和制革业的重要原料。

不断地生长
水豚有 20 颗牙齿，和其他啮齿目动物一样，由于食草会导致牙齿遭到持续磨损，它们的切齿和白齿能不断地生长。

硕大的头部和嘴部
水豚的眼睛、耳朵和嘴巴均位于头骨上部，可在游泳时进行呼吸、视物和嗅闻。

Dolichotis patagonum
阿根廷长耳豚鼠

体长：69~75 厘米
尾长：4~5 厘米
体重：9~16 千克
社会单位：与伴侣共同生活
保护状况：近危
分布范围：阿根廷中南部

阿根廷长耳豚鼠生活在长有刺灌木的沙漠和半干旱的大草原上。近几十年来，由于栖息地的不断消失，阿根廷长耳豚鼠的数量锐减至原来的 30%。

阿根廷长耳豚鼠和巴塔哥尼亚兔或欧洲兔很像（只是它们不属于兔科），在 1000 米的范围内行走、小跑，跑动的速度可达 45 千米/时。阿根廷长耳豚鼠终生遵循一夫一妻制，这在啮齿目动物中并不多见。一般雄性追随着其伴侣行动。到了气候温和的夏季，70 只左右的阿根廷长耳豚鼠也会形成鼠群，闲逛着共同觅食。阿根廷长耳豚鼠是草食动物，吃各种植物，即使长时间不饮水也能存活。它们通常在日间活动，生活在地下的巢穴中。阿根廷长耳豚鼠一年可分娩 3~4 次，妊娠期为 77 天，一般每胎可产 2 只幼崽。幼崽也生活在共同的巢穴中，出生后第二天即可开始吃草，但要 4 个月后才能离开巢穴。

Cavia aperea
巴西豚鼠

体长：19~32 厘米
尾长：无
体重：520~795 克
社会单位：群居
保护状况：无危
分布范围：哥伦比亚、巴西、委内瑞拉、玻利维亚、阿根廷、乌拉圭、巴拉圭和圭亚那

巴西豚鼠生活在大草原和其他开放地域中。它们用隧道连通各个巢穴，常在植物丛中窜来窜去。巴西豚鼠通常在日间和黄昏活动。巴西豚鼠实行一夫一妻制，其中雄性对其伴侣的进攻性很强。巴西豚鼠一年可分娩 4 次，妊娠期为 62 天，平均每胎可产 2 只幼崽。幼崽出生 3 天后即可摄入固体食物，28 天后即可繁殖。巴西豚鼠以家庭为单位群居，族群中包括几只雌性、一只雄性和几只幼崽。它们用声音进行交流，并用肛门腺和油脂腺的分泌物圈定领地。巴西豚鼠为草食动物，天敌众多。

Microcavia australis
南方小豚鼠

体长：22 厘米
尾长：无
体重：25~30 克
社会单位：独居
保护状况：无危
分布范围：阿根廷和智利

南方小豚鼠身体健壮、头部硕大，大眼睛周围有一圈白毛。后足有 3 趾，前足有 4 趾。南方小豚鼠身上有刺，会合作挖掘较浅的洞，基本在日间活动。南方小豚鼠实行一夫多妻制，到繁殖期攻击性会变强。妊娠期一般为 50~70 天，平均每胎可产 3 只幼崽，幼崽从刚出生起即可摄入固体食物。雌性在生产后又可立即再度受孕。雌性只允许幼崽在巢穴中生活 1 个月，随后便会将它们驱逐出去。南方小豚鼠以树叶、新芽、果实和花朵为食。为了觅食它们也可以爬树，但最高不超过 4 米。

Cuniculus paca
无尾刺豚鼠

体长：60~79 厘米
尾长：2~3 厘米
体重：4~12 千克
社会单位：独居
保护状况：无危
分布范围：墨西哥中部至乌拉圭

无尾刺豚鼠生活在潮湿的热带雨林和水域附近的树林中。它们一般会在地下挖深 2 米的巢穴或直接占用其他动物的巢穴，白天在巢穴里休息，晚上才出来活动。无尾刺豚鼠是游泳"高手"，经常选择水路逃避危险。

无尾刺豚鼠的颧弓（头骨中颧骨的一部分）从身体两侧一直延伸至背部，形成一个回音腔，是哺乳动物中独一无二的。后足有 4 趾，前足有 5 趾。无尾刺豚鼠的头和两颊体积均很大，耳朵很短。无尾刺豚鼠的胡须很长，两只大眼睛的间距也很大。它们是草食动物，在觅食过程中也可传播大量的种子。无尾刺豚鼠喜欢吃鳄梨和杧果，它们的觅食简直是农场的灾难。妊娠期为 110 天，一年分娩 2 次，每胎可产 1 只幼崽。无尾刺豚鼠的肉质与猪肉类似，因此遭到人类的捕捉。

Myoprocta pratti
长尾刺豚鼠

体长：38~47 厘米
尾长：4~6 厘米
体重：1~4 千克
社会单位：独居或成双成对
保护状况：无危
分布范围：厄瓜多尔东部、委内瑞拉南部、哥伦比亚和亚马孙流域

突出特征
因柔顺有光泽的皮毛及褐绿色的色泽而得名，双耳裸露。

长尾刺豚鼠生活在长满多年生植物的热带雨林中。相比于雌性，雄性更喜欢开阔的地域。它们一般在树洞中休息，有时也会直接利用其他动物挖出的巢穴。长尾刺豚鼠在日间活动，以草和果实为食，会在食物匮乏的季节存储食物。

长尾刺豚鼠的平均妊娠期为 99 天，每胎可产 1~3 只幼崽。它们由于肉味鲜美而常被人类捕捉。

Octodon degus
灌丛八齿鼠

体长：12~21 厘米
尾长：8~14 厘米
体重：170~260 克
社会单位：群居
保护状况：无危
分布范围：智利中东部

灌丛八齿鼠生活在大草原、草木丛和山区地带。它们的后足比前足长，且耳朵很大。它们的毛发长且柔软，背部呈灰棕偏橙色，腹部呈淡黄偏白色。它们的视觉、嗅觉和听觉均很好，一般在日间活动。灌丛八齿鼠一般会共同挖掘出一个地下巢穴系统，供整个小群体居住。它们一般在 9~12 月之间繁殖。在 87~90 天的妊娠期后，雌性会产 3~8 只幼崽。当雌性出去觅食时，群体中的其他雌性会帮忙照看幼崽。灌丛八齿鼠主要以草等绿色植物、树皮、种子和果实为食。灌丛八齿鼠一般在地上觅食，但也可爬到灌木和低矮的树木上。

Dasyprocta punctata
中美毛臀刺鼠

体长：41~62 厘米
尾长：1~3.5 厘米
体重：1~4 千克
社会单位：成对
保护状况：无危
分布范围：中美洲和南美洲

中美毛臀刺鼠为草食动物，通常在夜间行动，它们会储存各种谷物和核桃。无意间也帮助传播核桃的种子，它们是啮齿目动物中唯一会开核桃的。中美毛臀刺鼠生活在水域附近，在树洞里或树根边筑巢。中美毛臀刺鼠实行一夫一妻制，妊娠期在 104~120 天之间，一般每胎可产 2 只发育完好的幼崽，幼崽几乎一出生即可奔跑。

它们的肛门腺会分泌出气味极重的物质，可用于圈定领地和互相交流。

Capromys pilorides
古巴硬毛鼠

体长：46~60 厘米
尾长：15~30 厘米
体重：8.5 千克
社会单位：与伴侣共同生活
保护状况：无危
分布范围：古巴及其他群岛

　　古巴硬毛鼠腿短而脚大，走起路来像鸭子一样摇摇晃晃。它们的毛发又厚又密，背部的颜色各不相同，而腹部的毛发较软，颜色也较淡。此外，还有一层细绒。

　　古巴硬毛鼠通常成双成对地生活，也有独居或群居的情况。它们在日间活动，且不筑巢，以树叶、果实和树皮为食，也可吃昆虫和其他小型动物。它们一般栖居在岩石和树木中。

　　古巴硬毛鼠全年均可繁殖，妊娠期为 120~126 天，一般每胎可产 2~3 只幼崽，幼崽出生时就有毛发，且眼睛是睁开的。

Spalacopus cyanus
鼹足鼠

体长：14~16 厘米
尾长：4~5 厘米
体重：80~120 克
社会单位：群居
保护状况：无危
分布范围：智利中部

　　鼹足鼠在沿岸地区和安第斯山脉均有分布，生活的最高海拔可达 3400 米。它们为陆生动物，在夜间十分活跃。鼹足鼠为群居动物，会建筑复杂的地下通道，白天就在那儿休憩，只有在出太阳时才会探出头来。鼹足鼠在挖洞时会用到有力的四肢和硕大的切齿，在入口处堆起的小土堆十分显眼。鼹足鼠用声音交流，它们的声音会在隧道中不断回响。它们的性交时间只有短短 15 秒，结束时雌性会发出独特的声音。鼹足鼠一般一年分娩 2 次（每次可产 2~5 只幼崽）。如果栖息地的植物消失了，鼹足鼠会在夜间迁徙，以寻找新的领地。

Octomys mimax
阿根廷胶鼠

体长：11~18 厘米
尾长：12~16 厘米
体重：85~121 克
社会单位：独居
保护状况：无危
分布范围：阿根廷中西部

　　阿根廷胶鼠生活在山丘和安第斯山脉的山坡上。阿根廷胶鼠的耳朵比例出奇大，显而易见听力也极发达。切齿后的腭上长有许多毛，可用于移除所吃植物（如仙人球）上的表皮层（盐分极高）。

　　阿根廷胶鼠在夜间活动，平时栖居在岩缝中。

Mysateles prehensilis
巧尾硬毛鼠

体长：55~75 厘米
尾长：40~55 厘米
体重：1.4~1.9 千克
社会单位：群居
保护状况：近危
分布范围：古巴西部

　　巧尾硬毛鼠生活在树林、森林和沼泽地。它们毛发很多，背部呈黑偏灰色，腹部呈白偏棕色。巧尾硬毛鼠的尾巴可以钩住树枝，从而适应攀树生活。

　　巧尾硬毛鼠是完全的树栖动物，在夜间十分活跃。它们以草和树叶为食。它们也是周围人类的家犬的腹中餐，人们也曾在鳄鱼腹中发现过巧尾硬毛鼠的尸体。

Myocastor coypus
河狸鼠

体长：47~58 厘米
尾长：34~40 厘米
体重：5~10 千克
社会单位：群居
保护状况：无危
分布范围：玻利维亚中部至火地岛

　　由于形似水獭，河狸鼠起初常被误认。它们一般生活在距河流、沼泽或湖泊 100 米以内植被丰富的地域，是游泳"健将"。河狸鼠的乳房长在背部两侧，以便在水中也能给幼崽喂奶。雌性 1 岁时性成熟。河狸鼠的妊娠期为 19 周，每胎能产 5~6 只幼崽，幼崽初生时长满毛发，且切齿已发育完全。出生后第二天即可开始游泳，哺乳期长达 8 周。

半水生生活
河狸鼠可潜水十几分钟，它们掌状的后足有助于游泳。

两种毛发
一种是内侧又软又密的毛，另一种是又长又硬的毛。

野兔、穴兔和鼠兔

除大洋洲和北极外，各大洲均有原生的野兔、穴兔和鼠兔，后它们又被人类带至世界各地（但常与人类活动冲突），它们的栖息地也多种多样。兔形目在许多方面均与啮齿目类似，主要差别在于牙齿，虽然兔形目动物也会咬食。

什么是兔形目

虽然外形与某些啮齿目动物类似，但是由野兔、穴兔和鼠兔构成的兔形目无论物种还是个体都比啮齿目少许多。兔形目动物也会咬食，它们上颚有两对切齿，内外两侧均有釉质覆盖，且在不断生长。兔形目一般无尾或尾巴很短。野兔和穴兔动作灵敏、行动迅速，奔跑速度可达 45 千米 / 时。兔形目也会食粪：为了最大限度地利用食物中的营养，它们会重新消化自己的排泄物。

门：脊索动物门
纲：哺乳纲
目：兔形目
科：3
属：13
种：93

一般特征

除北极、澳大利亚和大多数岛屿外，几乎所有大陆均有原生的兔形目物种，再通过人类活动传播至世界各地。兔形目动物体形中等，在很多方面都与大型啮齿目动物相似，不同的是兔形目动物的尾巴很短或发育不全，甚至压根没有尾巴。此外，牙齿的数量和分布也与啮齿目动物不同：上颚每侧各有一对切齿，其中大的一颗与啮齿目的切齿类似，另一颗较小的切齿（形似钉子）紧贴于大切齿后。兔形目的切齿终生都在不断地生长，与啮齿目不同的是它们的切齿后侧有釉质覆盖。下颚每侧也有一颗切齿。兔形目也没有犬齿，在切齿和第一颗臼齿之间有牙间隙，臼齿无齿根。

兔形目脸部有若干层皮肤褶皱挡在切齿前，因此即使嘴唇紧闭也能啃咬和进食。它们鼻孔上也有皮肤覆盖。和啮齿目动物一样，兔形目的咬肌是非常发达的。

和有袋目动物一样，兔形目的睾丸也位于阴茎和腹部之间。

穴兔

穴兔已被人类驯化，有80多个变种，每个变种的颜色和外观都各不相同。

分布范围

所有兔形目动物均为陆生动物。它们的栖息地非常丰富，从热带森林到北极冻原均有分布。

兔形目会就地取材建造巢穴和隧道，并栖居于此。

行为

所有兔形目动物均为草食动物，以牧草和草料为食。和某些啮齿目动物一样，它们能排出两种粪便：一种又软又湿的可以被重新吸收，以便最大限度地利用所有营养；另一种较干的则无法被重复利用。

牙齿

兔形目动物共有 6 颗切齿：上颚 4 颗，下颚 2 颗。上颚的大切齿后有 2 颗呈销子状的小切齿。

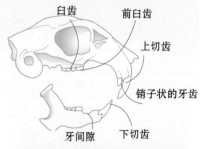

臼齿　　　前臼齿

上切齿

销子状的牙齿

牙间隙　　下切齿

鼠兔

门:	**脊索动物门**
纲:	**哺乳纲**
目:	**兔形目**
科:	**鼠兔科**
种:	**30**

　　鼠兔科动物的体形小而扁，只有一属，共计 30 种。它们生活在北美西部及亚洲中部和北部的山区。由于叫声尖厉而被称为"鸣声兔"。鼠兔 21 天即性成熟，且繁殖力很强。它们一般不进行社交。

Ochotona princeps
北美鼠兔

体长: 16~21 厘米
尾长: 不可见
体重: 121~176 克
社会单位: 独居
保护状况: 无危
分布范围: 加拿大西南部和美国西部

　　北美鼠兔生活在植被线或植被线以上的多岩石区域，在海拔 2500 米以下的地域鲜见其踪迹。与其他鼠兔相比，北美鼠兔的体形中等。北美鼠兔实行一妻多夫制，雌性可挑选多只雄性。雌性在生产后即可立即排卵；每个繁殖季可分娩 2 次，平均每胎可产 3 只。北美鼠兔在日间活动，30%的时间在巢穴外度过。到了冬季，它们会在雪下挖洞以躲避严寒。

会变色的皮毛
北美鼠兔的皮毛在夏季呈灰色偏桂皮色；到了冬季，背脊处的毛发愈发偏灰，且比夏季时更长。

Ochotona collaris
斑颈鼠兔

体长: 17~20 厘米
尾长: 不可见
体重: 130~200 克
社会单位: 独居
保护状况: 无危
分布范围: 美国阿拉斯加中部和东南部、加拿大育空地区和不列颠哥伦比亚西北部

　　斑颈鼠兔生活在多石的山区，实行一夫一妻制。斑颈鼠兔并不筑巢，而是直接利用大自然的掩护（如生活在碎岩石下），也不冬眠。斑颈鼠兔为草食动物，通常在日间活动。夏季会收集大量植物，储存在岩石下，以备越冬。七八月份时，斑颈鼠兔会跑很长的距离来收集食物作为储备。

　　斑颈鼠兔的腹部呈淡黄偏白色，背部呈灰色。与生殖周期有关的面部腺体上有毛覆盖，介于淡黄色和浅咖啡色之间，与北美鼠兔的棕色不同。

　　斑颈鼠兔没有性别二态性。一年分娩 2 次，每胎可产 2~6 只幼崽。

与众不同的面容
斑颈鼠兔的颈部和肩部有一处"斑"，因此得名斑颈鼠兔。

野兔和穴兔

门:	脊索动物门
纲:	哺乳纲
目:	兔形目
科:	兔科
种:	62

兔科动物在全世界均有分布。体形中等或偏小，鼻部狭长，耳郭发达。它们的上唇一般会纵向劈开（兔唇），切齿很长，且在不断生长。兔科的颚只能侧向移动，且肘关节无法旋转。它们是纯粹的草食动物。

Lepus americanus
白靴兔

体长: 41~52 厘米
尾长: 4~5 厘米
体重: 1.4~1.6 千克
社会单位: 独居
保护状况: 无危
分布范围: 加拿大、美国北部

季节变化
皮毛随季节变化：下雪时变成白色来隐蔽自己；夏季再恢复棕色、红色或灰色。

强大的听力
白靴兔的耳朵长6~7厘米，听力系统十分发达。

白靴兔生活在北美的落叶林和混交林中。它们喜欢开放的地区、靠近河流和沼泽的草木丛及地势较低的松柏林中。白靴兔擅长游泳，经常洗沙浴来清除皮肤上的寄生物。雄性的体形较雌性稍小，这也是兔科的普遍特征。

白靴兔的交配制度很复杂：雄性和雌性均可有多个伴侣。雄性经常成群地向一群雌性求爱。白靴兔的繁殖期从3月中旬起，至8月才结束，妊娠期为36天。雌性要躲到安全的地方才能分娩，一般每胎可产8只幼崽，它们一年后性成熟。在野生环境下的幼崽由于天敌环伺（丛林狼、狼和猞猁），寿命很难达到一年。

虽然白靴兔为独居动物，但由于密度的增加，它们的领地也会出现重合。

Lepus europaeus
欧洲野兔

体长: 60~75 厘米
尾长: 10 厘米
体重: 3.5~5 千克
社会单位: 独居
保护状况: 无危
分布范围: 大不列颠、西欧、中东地区和中亚。后被引入美洲

欧洲野兔又称野兔，以禾本科植物、其他草本植物，甚至农作物为食。某些地方欧洲野兔泛滥成灾，它们会啃食树木幼苗并导致农作物减产。

欧洲野兔嘴宽、耳长，眼睛近似圆形，嘴附近有几根灰白色的胡须。欧洲野兔的毛发颜色随季节、年龄和地域而改变，一般为棕偏黄色，背部颜色会更深。它们无时无刻不在关注着周围的动静，一有声响便立即飞速逃跑（速度可达60千米/时）。它们大幅跳跃着前进，在被追捕时会不停地变向，呈"之"字形。欧洲野兔一入夜就开始活动，一直到黎明才休息。虽然它们偏爱平原，但在山区也多有分布。由于毛发浓密，欧洲野兔能抵御严寒，在寒冬都能露天睡觉。妊娠期为30~40天，一年可分娩4次。

Lepus capensis
草兔

体长：40~68 厘米
尾长：7~15 厘米
体重：1~3.5 千克
社会单位：独居
保护状况：无危
分布范围：非洲，后被引入欧洲、中东地区、亚洲、美洲和澳大利亚

草兔生活在大草原、牧场、沼泽地、农田、草木丛和树林中，也能适应沙漠环境。它们是草食动物，只在夜间活动。草兔很少喝水，对咸味的接受度也高于其他野兔。草兔的体形和外表各异。在繁殖期，雄性会为了觅得伴侣而争斗。草兔的生育过程非常轻松（一年可分娩8次），幼崽出生时已发育完全。草兔不喜挖洞，凭借伪装和迅雷不及掩耳的行动即可逃脱天敌的追捕。

Lepus arcticus
北极兔

体长：48~60 厘米
尾长：4~7 厘米
体重：3~5 千克
社会单位：独居
保护状况：无危
分布范围：北极冻原、格陵兰岛、加拿大、美国阿拉斯加州

北极兔对低温环境（近零下30摄氏度）的适应能力极强，且能在积雪厚达40厘米时存活，分布在海拔900米以下的多岩石地区。北极兔的足部又大又重。它们以小型植物、嫩枝、浆果和树叶为食。北极兔嗅觉灵敏，能闻到雪下的植物。一次生殖周期结束后，北极兔就会更换伴侣。雄性用挠和舔雌性的方式来吸引它们。北极兔一年可分娩2次。它们在夜间活动，是游泳和跑步"健将"。栖身于地下的巢穴中。

Sylvilagus floridanus
东部棉尾兔

体长：35~48 厘米
尾长：4~6.5 厘米
体重：0.8~1.53 千克
社会单位：独居
保护状况：无危
分布范围：美国、加拿大南部、中美洲和南美洲北部

东部棉尾兔生活在沙漠、泥塘、大草原、树林和耕地中。它们能轻易地占据领地，因肉质鲜美常被追捕。东部棉尾兔为陆生草食动物，一年换2次毛。伴侣在晚上交配前要举行一个小仪式：雄性不停地追捕雌性，直至雌性回眸并用前蹄拍打雄性，双方各自退开并互相注视，直到其中一只突然跳起来。东部棉尾兔一年可分娩7次，每胎可产1~12只幼崽。除繁殖期外，东部棉尾兔均独居。

Nesolagus netscheri
苏门答腊兔

体长：35~40 厘米
尾长：1.5 厘米
体重：1.2~1.7 千克
社会单位：独居
保护状况：易危
分布范围：仅在苏门答腊岛分布

苏门答腊兔仅在苏门答腊岛西南部巴里桑山脉的树林中有分布。它们的毛又软又密，棕中带红，背部有深色线条，腹部呈白色。苏门答腊兔的耳朵比其他兔形目动物要短。它们通常在夜间活动，白天则在其他动物修筑的巢穴中休息，以各种树叶和茎干为食。人们对其繁殖周期知之甚少。世界自然保护联盟认为苏门答腊兔是兔形目动物中最奇怪的物种。在1880—1916年间，有十几种样本被收入博物馆，1972年后只剩下一种。人们认为森林滥伐和栖息地的消失是导致苏门答腊兔的数量急剧下降的主要原因。

Brachylagus idahoensis
侏兔

体长：23.5~29.5 厘米
尾长：1.5~2.4 厘米
体重：400~460 克
社会单位：独居
保护状况：无危
分布范围：美国（加利福尼亚州、爱达荷州、内华达州、俄勒冈州、犹他州和华盛顿）

侏兔是美洲体形最小的家兔，一手可握，雌性的体形稍大于雄性。人们对侏兔的繁殖习性知之甚少，只了解其发情期不长，为2~3个月。为了方便取食，侏兔一般在三齿蒿边筑巢，巢穴很深，有多个互通的室和多个入口；有时也会直接使用其他动物的巢穴。侏兔有一套通道体系（夏季是在草面上，冬季则是在积雪层下），可将食物运送至巢穴。由于侏兔体形娇小，所以天敌众多，从而存活率很低。如遇危险，侏兔会发出警戒声，这在兔科动物中是很罕见的。侏兔的领地意识不强，会在靠近食物、土壤易于挖掘的地方定居。

Oryctolagus cuniculus

穴兔

体长：35~45 厘米
体重：1.32~2.25 千克
社会单位：群居
保护状况：近危
分布范围：伊比利亚半岛、法国和非洲北部

长耳朵
2 只倾斜的耳朵非常灵活，长近7厘米。

穴兔原生于欧洲西南部，后被引入世界各地，且被驯化为宠物。在农耕地区，由于它们数量过多且擅挖地道，已成为严重的灾害。然而近几十年来，由于各类疾病、栖息地的消失及人类的扫除行动，它们的数量已大大减少。

饮食

穴兔主要以牧草、青草、树枝和树皮为食。初生的幼崽前 4 周靠母乳存活。

繁殖

穴兔的妊娠期约为 30 天，雌性每年可分娩多次，每胎可产 5~6 只幼崽。穴兔的繁殖率在该物种中鹤立鸡群，但是流产率和新生幼崽死亡率也极高。

穴兔的毛发一般为棕色或灰色，但也有的为黄色和白色，甚至为全黑色

隧道网

兔穴由一个庞大而复杂的房室和隧道系统构成。雌性是挖洞的主力军，它们的主要任务就是抵御天敌入侵。穴兔在夜间活动，所以只有晚上才会离开巢穴出去觅食，清晨便回。穴兔的巢穴中还有次级隧道，用于养育幼崽。

戒备状态
当兔群中某几只兔子在吃草时，余下的几只会自觉放起哨来，以警惕天敌（猫、犬等）的出现。

脚步声很大

危险信号
如穴兔发现威胁，会用爪子重击地面，以警示同伴

声音警报
巢穴内外的穴兔都能听到警报声。

保持不动
听到警报声后，穴兔会静静地待在藏身之处。

等级制度

一个兔群一般由6~10 只成年兔构成，并具有复杂的等级结构。这一等级制度是双重的：领导者既有雄性又有雌性。

2080
有记录的最大的兔穴的入口数量，可容纳407只穴兔。

养兔场口径15厘米的入口

养兔场
兔穴是巢穴的中心地带，有多个主入口，入口处均有土堆标识。

食物堆积处

受保护的内部
用植物和毛发贴在隧道壁上，以保证隧道的湿度

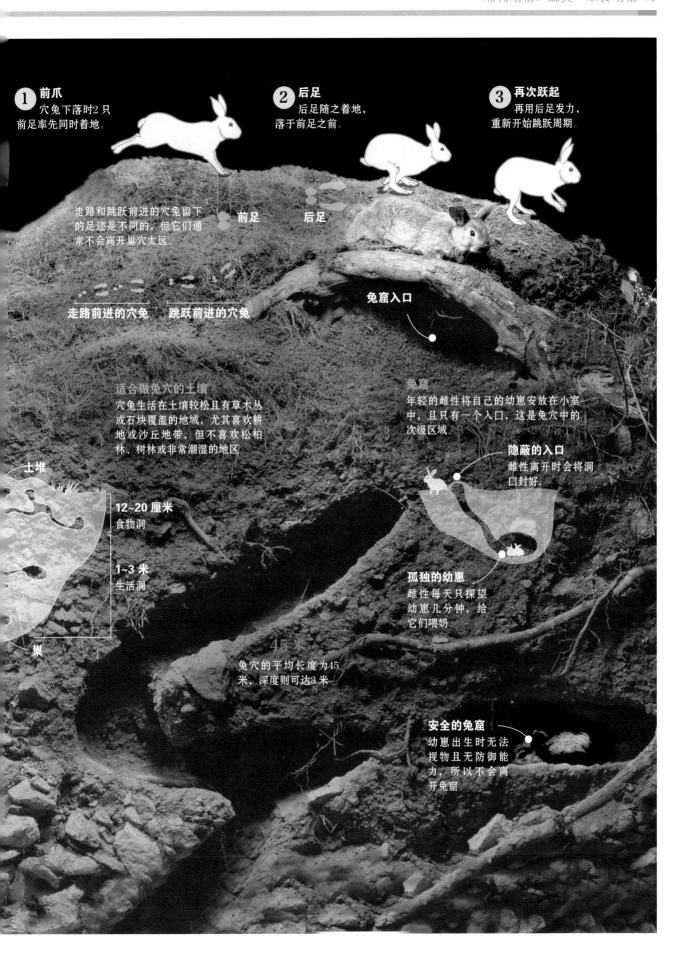

1 前爪
穴兔下落时2只前足率先同时着地。

2 后足
后足随之着地，落于前足之前。

3 再次跃起
再用后足发力，重新开始跳跃周期。

走路和跳跃前进的穴兔留下的足迹是不同的，但它们通常不会离开巢穴太远

前足　后足

走路前进的穴兔　跳跃前进的穴兔

兔窟入口

适合做兔穴的土壤
穴兔生活在土壤较松且有草木丛或石块覆盖的地域，尤其喜欢耕地或沙丘地带，但不喜欢松柏林、树林或非常潮湿的地区

兔窟
年轻的雌性将自己的幼崽安放在小室中，且只有一个入口，这是兔穴中的次级区域。

隐蔽的入口
雌性离开时会将洞口封好。

土堆

12~20 厘米
食物洞

1~3 米
生活洞

巢

45

兔穴的平均长度为45米，深度则可达3米

孤独的幼崽
雌性每天只探望幼崽几分钟，给它们喂奶

安全的兔窟
幼崽出生时无法视物且无防御能力，所以不会离开兔窟。

图书在版编目（CIP）数据

国家地理动物百科全书 . 哺乳动物 . 鲸类·草食动物 / 西班牙 Sol90 出版公司著；董舒琪译 . --
太原：山西人民出版社 , 2023.3
ISBN 978-7-203-12510-5

Ⅰ . ①国… Ⅱ . ①西… ②董… Ⅲ . ①哺乳动物纲—青少年读物 Ⅳ . ① Q95-49

中国版本图书馆 CIP 数据核字 (2022) 第 244666 号

著作权合同登记图字：04-2019-002

国家地理动物百科全书 . 哺乳动物 . 鲸类·草食动物

著　　者：西班牙 Sol90 出版公司
译　　者：董舒琪
责任编辑：张书剑
复　　审：刘小玲
终　　审：梁晋华
装帧设计：吕宜昌

出 版 者：山西出版传媒集团·山西人民出版社
地　　址：太原市建设南路 21 号
邮　　编：030012
发行营销：0351-4922220　4955996　4956039　4922127（传真）
天猫官网：https://sxrmcbs.tmall.com　电话：0351-4922159
E-mail：sxskcb@163.com 发行部
　　　　　sxskcb@126.com 总编室
网　　址：www.sxskcb.com

经 销 者：山西出版传媒集团·山西人民出版社
承 印 厂：北京永诚印刷有限公司

开　　本：889mm×1194mm　1/16
印　　张：5
字　　数：217 千字
版　　次：2023 年 3 月　第 1 版
印　　次：2023 年 3 月　第 1 次印刷
书　　号：ISBN 978-7-203-12510-5
定　　价：42.00 元